大智能

钱志新◎著

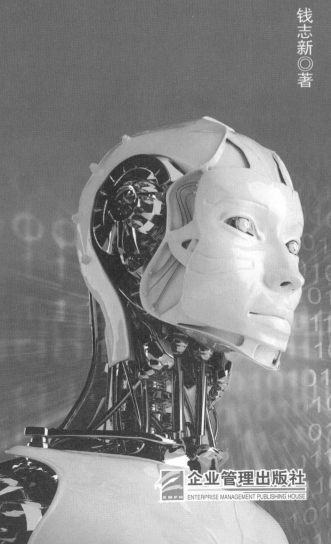

企业管理出版社
ENTERPRISE MANAGEMENT PUBLISHING HOUSE

图书在版编目（CIP）数据

大智能 / 钱志新著 . —北京：企业管理出版社，
2024. 8. — ISBN 978-7-5164-3087-3

Ⅰ.TP18

中国国家版本馆 CIP 数据核字第 2024HM6058 号

书　　名：大智能

书　　号：ISBN 978-7-5164-3087-3

作　　者：钱志新

策　　划：杨慧芳

责任编辑：杨慧芳

出版发行：企业管理出版社

经　　销：新华书店

地　　址：北京市海淀区紫竹院南路 17 号　　邮编：100048

网　　址：http://www.emph.cn　　　　电子信箱：314819720@qq.com

电　　话：编辑部（010）68420309　　发行部（010）68701816

印　　刷：北京亿友数字印刷有限公司

版　　次：2024 年 8 月第 1 版

印　　次：2024 年 8 月第 1 次印刷

开　　本：710mm×1000mm　　　1/16

印　　张：11.75 印张

字　　数：121 千字

定　　价：48.00 元

前言

　　智能是宇宙运行的基本奥秘，宇宙的演化历程为智能的发展过程。从自然智能到人类智能再到人工智能体现了智能的不断升级，新的智能层出不穷，向更高级智能发展。智能不是智慧和聪明，而是对变化的适应性，智能随变化而应变，从无序走向有序。

　　智能最大的作用是精准、高效、协同，使系统不断优化，系统从功能到智能其价值倍增，呈现指数级增长。人类正在进行数字革命，实现全面智能化，加速走向无比美好的智能文明新时代。

　　数字革命开启了全新的技术时代，算力成为新的生产力，通过 AI 技术，我们可以更高效地处理数据、解决问题，极大地促进了社会的发展和进步。

　　江苏开放大学是数字化的原生大学，正在向数智化大学进阶升级。针对江苏开放大学的未来构想，丁荣余校长提出"数智创新型大学"的概念。同时，为提高全民数字素养和技能，助推我国数字经济的持续健康发展，江苏开放大学精心打造了《数字革命开放谈》系列专题讲座，主要聚焦数字经济领域，深入剖析数字经济现状与未来发展趋势，旨在加快推进数智化进程，发挥江苏开放大学在学习型社会建设中的积极作用。

新著《大智能》是在《数字革命开放谈》视频项目基础上创作的。全书有三大部分：第一部分，智能之道，是对智能研究的总体论述，是智能发展的核心思想；第二部分，是数字化大讲堂专题讲座内容，主要是对数字化20个专题内容进行讲解；第三部分，案例点评，主要是对40个数字化智能应用案例进行剖析和点评。

《数字革命开放谈》视频课程项目是数智化的通用产品，《大智能》著作是与其相融合的并行产品，两者相辅相成，完美融合，既可以作为大学生数智化学习的通识教材，也可以给有需要的社会人士提供相应的学习资料。

《大智能》著作创作过程中，得到诸多人士和单位的指导和帮助。一是要感谢丁荣余校长的支持、参与和帮助；二是要感谢江苏开放大学资源建设中心的全力承办，感谢成蕾、张知慧以及相关同志的大力支持，感谢江苏省教育电视台主持人魏凌志同志的精心指导；三是要感谢卜安洵、吴伟、陈林、徐晨翔、吴秋怡、赵千迪等同志在场景对话中的热情参与和帮助。

钱志新

目录

第一部分　智能之道

第二部分　专题讲座

第三部分　案例点评

第一部分
智能之道

人类正进入全面智能时代，认知智能的科学本质，研究智能的基本规律，对智能时代的发展具有极其重要的指导作用。

一、智能本质

（一）智能之本

智能之本是解决不确定性的机制，化不确定为确定，化无序为有序，智能是宇宙最奥秘之处。

1. 不确定性

世界的基本性质是不确定性，不确定性是常态。随着新科技革命的加速发展，带来两大新趋势，即复杂性和多变性，这两性集中体现了更多的不确定性，也就是乌卡。解决越来越多的不确定性，最有效的治本之道是智能化，智能将不确定性转化为确定性。

2. 无数不智

"万物皆数"，这是古代大哲学家毕达哥拉斯的著名论断。万物表示存在方式，数字代表根本属性，也就是说万物的底层结构为数字。数字与万物是一体两面、不可分割的，即数为万物的本源。

"无数不智"，没有数不可能有智能。数能参透万物，将复杂变成简单。数能适应变化，以变应变。数是智能之源，将复杂和多变转化为确定性。

万物之间的相互关系最简单的表达方式是数学公式。

对伟大科学家终生成就最好的表达都是数学公式，如牛顿的 $F=ma$，爱因斯坦的 $E=mc^2$。中国易经中有"象、数、理"三要素，数是其中的关键，通过数将"象"转化为"理"，揭示事物的本质。

3. 适变即智能

智能最简单的表达，就是"对变化的适应性"，即"适变"。智能产生于三个环节：一是连接，应用数字的相关性进行连接；二是交互，在交互作用中协同变化；三是融合，通过融合精进适配，互相赋能，从而形成智能。在智能中，连接是基础，交互是关键，融合是根本。

智能如赛马，在赛马中人与马是连接的，在动态中互相适应，通过融合将人与马成为一体，方能赢得赛马的胜利。

智能（E）的量值决定于三个因素：一是数量规模（N），二是交互频率（F），三是交互强度（S）。智能的量值与三者皆成正比，用数字公式来表达：$E=N×F×S$。

（二）智能特征

智能具有三大特征：自主性、迭代性、涌现性。

1. 自主性

智能最大的特征是自主性，即自主适应、自主优化、自主决策、自主行动。自主性主要取决于自学能力，智能的学习能力是不断提升的。

2. 迭代性

智能不是一次就能优化好，每次行动的反馈都是一次迭代，通过多次迭代反复调整，实现优化进阶。智能是不断优化的结果。

3. 涌现性

在生态系统中，当数量即参数连接达到一定量值时，就能跨越"阈值"产生"涌现"，实现智能的爆发性增长，正所谓量变引发质变。

二、自然智能

自然智能是自然界的智能，主要体现在宇宙演化和生命进化之中。

（一）宇宙演化

智能是宇宙运行的基本规律，从宏观世界到微观世界，智能都是最基本的力量，从混沌走向有序。

1. 宏观世界

宇宙大爆炸从原始星云到星系、恒星、卫星等一系列演化都是能量的聚集与分散的产物，而能量的聚分遵循数理规则相互作用，如牛顿三定律等。星系世界是在不断交互碰撞中走向有序融合。

2.微观世界

微观世界的基本粒子遵循量子规律，即单个量子是无序的，以概率形式存在，而大量的量子运动却是有序的，运行在一定的轨道上。量子运动也是遵循数理规则减熵智能，如热力学定律等。微观决定宏观，微观的不断互动，产生宏观的概率优势，从无序走向有序，由混沌构成结构。

（二）生物进化

自然界从无机到有机，从有机走向生命，生命是不断进化的，整个进化的过程是智能不断发展的过程。

1. 适者生存

生命从单细胞生物到植物、动物乃至人类，皆是进化的产物。生命进化遵循自然选择、适者生存的法则。根据达尔文理论，进化最快的生物不是最大的生物，也不是最强生物，更不是最聪明的生物，而是对环境变化最适应的生物。因为进化是在生物与环境互动中不断推进的，越适应的生物进化得就越快越好，这里起决定性作用的是智能。进化是智能水平不断提升的过程。

2. 生态进化

生物进化不仅是在与环境互动中推进的，也是与整个生物生态体系共同推进的。各类生物互相作用、互相赋能，产生共同的智能。共同智能推进整个生物生态智能水平的提升，实现生物生态的加速进化。

三、人类智能

智能是不断发展的，人类智能在自然智能的基础上，大幅提升了智能水平。人类成为智能发展中一个高峰，但智能不会终止于人类，而是会向更高峰持续不断地发展。

1. 智人智能

在数百万年人类发展中，大多数人种由于不适应环境变化而逐步消亡，唯有智人脱颖而出，进化成为现代人类。智人的优势来自智能，主要体现在三大方面：一是智人的想象力，智人能想象现实不存在的东西，想象力是智人的重要能力；二是智人的协作力，智人能组织群体协作，群体的相互合作产生更多的智能；三是智人不断迁徙，智人从一隅走向世界各地，又从陆地走向海洋，又从海洋走向天空，每次迁徙都是智能的升级。

2. 工具革命

工具革命是人类智能的重要产物。在原始时代，人类发现火的应用，发明了石器工具；在农业时代，人类发明了农业器具，在相互交往中发明了语言，进而发明了文字；这些都促进了智能的日益进步。近代的工业时代，工业革命极大地推进了智能的升级。第一次工业革命由蒸汽机带动了机械化，第二次工业革命由电力带动了电气化，第三次工业革命由计算机带动了自动化。人类智能的发展呈现加速度态势，体现了工具革命的重大作用。

3. 思维革命

人类智能是思维革命的丰硕成果。自工业革命以来，随着科学技术的快速发展，人类的思维方式发生突破性变革，从牛顿思维方式强调"确定性、稳定性、简单性"，到量子思维方式强调"不确定性、可变性、复杂性"。

量子思维方式是智能的思维方式，量子价值观注重整体而不是局部，注重关联而不是分离，注重可变而不是固定，注重复杂性而不是简单化。量子思维对于人类智能的发展起着决定性作用，极大地促进了人工智能及其应用的发展。

4. 数字革命

人类智能的最新发展来自数字革命。由于互联网的诞生，人类开始走向数字化。数字化分为两个阶段：数字化 1.0 是从互联网的线下走向互联网的线上，人类的发展空间得到了扩展；数字化 2.0 是从物理世界走向数字世界，人类的发展维度得到了提升，这是更高层次的人类迁徙。人类向数字世界迁徙的关键在于数字新技术的发展，包括大数据技术、云计算技术、物联网技术、区块链技术、数字孪生技术、虚拟现实技术、新通信技术等。这是一场伟大的数字革命，对人类智能的升级起到突破性作用，使人类智能跨上新的发展大台阶。

四、人工智能

人工智能是智能发展的高级阶段，人工智能的正确表达应该是"机器智能"，就是机器像人一样具有智能。所谓人工智能是以人工训练的方法，使机器像人一样地思考并产生智能，人工智能的英文简称为 AI。

（一）AI 的发展历程

任何新技术的发展都要经历三个阶段，AI 的发展也是如此。第一阶段是技术阶段，1956 年图灵测试标志着 AI 的起步。所谓图灵测试，是出同样的问题，由人和机器分别回答，如果机器的回答 30% 以上与人的回答一致就通过了图灵测试。第二阶段是生态阶段，1980 年起 AI 初步形成后，进一步发展建立了生态体系，包括配套技术、资源要素、社会条件等，以产业生态体系推进 AI 的系统发展，其中经历了许多艰难曲折。第三阶段是应用阶段，2016 年以阿尔法狗为标志，AI 进入应用阶段，阿尔法狗在围棋比赛中战胜人类冠军，从而成功进入实际应用领域。特别是 AI 大语言模型的问世，使 AI 应用于各行各业，进入全面智能新阶段。

（二）AI 的组成

AI 的基本组成为"三大"，即大数据、大模型、大算力。"三大"是一个整体，共同生成智能。

1. 大数据

数据是 AI 的基本原料，数据取之不尽，用之不竭，新的摩尔定律是全球数据量每 18 个月翻一番。AI 训练需要海量数据、高质数据、特征数据。AI 在互动中能产生大量合成数据，数据成为智能的源泉。

2. 大模型

模型即算法，是 AI 的核心，算法为解决物理问题的数学方法。模型是由数据训练出来的，在数据的交互中形成推理，特别是 AI 大模型具有自主性，一旦形成智能就能不断生成。

3. 大算力

算力为计算能力，是 AI 的关键，AI 需要大量算力。现有计算能力包括数据中心、智算中心、超算中心，以及许多边缘计算、终端计算，未来还有量子计算中心，已形成一个算力大体系。算力需要消耗大量电力，而为节约能耗，大幅度降低算力成本是重中之重。

（三）AI 的学习方式

1. 架构升级

数字化要实施架构升级，从 IT 架构到 AI 架构。IT 架构是信息技术架构，AI 架构是智能技术架构。从信息域到智能域是重大升级，加快架构升级以适应 AI 的学习方式。

2.AI 学习方法

典型的 AI 学习方法是"机器学习＋神经网络"，机器学习是方法，神经网络是机制。第一，机器学习。机器学习是试错学习，根据目标凡是与目标接近的数据为"1"，就留下来，凡是与目标远离的数据为"0"，就放弃掉，如此 0101……不断试错优化，最终达成目标。机器学习的具体方法包括深度学习，有监督学习、无监督学习、强化学习等。第二，神经网络。神经网络就是模仿人类大脑，由人工神经组成网络，机器在网络交互中产生算法，成为机器训练的机制。

3. 两类 AI

由于学习方式不同，AI 总体上分为两大类，即给予式 AI 和生成式 AI。给予式 AI，是经验驱动的 AI，由软件人员根据自己的经验设计的算法，交由 AI 来执行，实现固定或功能自动化，如机器人是固定式 AI，人脸识别是功能 AI。生成式 AI，即 AIGC，是数据驱动的 AI，由 AI 自己学习将大量数据训练而成模型，能随机而变，实现生成式智能自主化。AIGC 生成的智能具有创造性，人工智能中人工的因素与智能成反比，人工因素占比越少，生成的智能越多。

（四）AI 大模型

在生成式 AI 中 AI 大模型是划时代的，在 AI 发展史上具有里程碑意义。

1. GPT 大模型

2022 年 11 月 30 日美国 OpenAI 研究中心发布大语言模型 ChatGPT，后来又从 GPT-1 发展到 GPT-4、GPT-5 等，其智能水平呈指数级增长。GPT 大模型的革命性有三大标志：一是 GPT 是大智库，GPT 集中了全世界众多网站、图书馆、博物馆中 80% 的知识，成为"超级知识大脑"；二是 GPT 是新机制，GPT 从根本上改变人与机器的交互机制，由自然语言取代编程代码，是人机交互机制的新突破；三是 GPT 根平台，GPT 由于成千亿上万亿的海量参数产生"涌现"效应，智能加速生成与爆发，已成为智能的基础设施，也就是"智能根平台"。

2. 大模型特征

GPT 大模型呈现三大特征：一是模型提示，向大模型提问已成为关键，提示能力决定大模型的效能。所谓提示就是对需求的精确表达，重点说明需求的目的、要求、身份、方式、路径等，将任务流程化；二是场景微调，GPT 大模型是预训练基础模型，主要提供通用性智能，每个行业、每个场景都要进行微调。只有将行业、场景中的专业数据、特征数据、向量数据对大模型进行微调训练，才能提供精准的智能；三是人机协作，人与大模型要互动协作，人提供创意，机器负责创作，互相分工，实现人机共智。大模型是通才，人是专才，两者合一，才是全才，即通才＋专才＝全才。

3. 大模型发展

大模型是不断创新发展的，主要体现在五个方面。

一是定制大模型，GPT 是通用大模型，要逐步向行业大模型、企业大模型、个体大模型发展。特别是企业大模型是未来的标配，就如每个企业都有网站，要重点搞好企业"知识大脑""知识图谱"和"场景模型"。个体大模型发展迅猛，将成为未来的新潮流。

二是智能体 Agent，大模型发展的高级形态是 Agent，又称智能助理，有专业智能助理和个人智能助理。Open AI 已建立 GPT 商店，通过 GPTs 在平台上开发大量智能体，智能助理在 GPT 商店中可以购买和租赁，未来每个人都有自己的 Agent，加快智能体服务于人类。

三是具身智能，将 GPT 嵌入机器人中，使机器人装上"大脑"成为人形机器人，为人类提供更适合的机器智能。

四是终端智能，终端硬件的 AI 化，如 AI PC、AI 手机，实现终端的智能升级。

五是新模态智能，横空出世的 Sora 是智能的大跃升，标志着 AI 对物理世界的理解和模拟达到更高的水平，实现数字对物理高维主导。

4. 大模型应用

GPT 大模型已应用于千行百业，大模型即服务，成为"大模型 +"。

大模型的应用集中体现于"三个新"。

一是新工具，GPT 大模型生成新的智能内容，如生成文本、图像、音频、视频、编程代码、语言翻译和 PPT 等，成为人们的新工具。通过跨模态创新，GPT 大模型将提供越来越高级的工具。

二是新能力，GPT 的能力关键体现在"智能"上，日常工作和生活仅有功能，而没有智能，从功能到智能是大升级。智能不仅能提高效率，更能提升能力，包括决策智能、工作智能、经营智能等，通过 AIGC 对场景的不断优化，能创造数倍的新价值，大大提高社会生产力。尤其是 AI 数字人的应用，代替大量简单性、重复性的低价值劳动。

三是新伙伴，GPT 大模型是人类的新伙伴，特别是智能体 Agent 已作为人类的智能助理。人类要与 AI 互相学习，互相理解，互相赋能，成为合作共事的好伙伴。未来工作团队中要有 AI 参与，没有 AI 组成的团队不会是优秀的团队。新的创业模式是"超级个体 +AI"组成创业团队，使创业成为人与 AI 合作创业，将会产生意想不到的好成果。

5. AI 人才

在 AI 发展中最缺的是人才，包括基础人才和高级人才。一位 AI 工程师有多个企业争抢，一位 AI 博士薪酬高达百万以上。高等院校应抓紧培养 AI 人才，重点培养大模型提示人才、大模型训练人才、大模型架构人才，以满足社会对高级人才的急缺之需。在 AI 时代，教育要创新变革，从知识学习到能力培育，从模仿型人才到创造型人才，为 AI 发展提供人才支撑。

当今 AI 能力已成为核心能力，专业人才一定要拥抱 AI，拥抱大模型，着力学习 AI 的知识与技能，努力成为复合型人才，以适应时代发展之需。未来有 AI 能力的人与没有 AI 能力的人，其间的差距是指数级的，为此全社会都要通过 AI 学习培训，提高 AI 的核心能力。AI 能力使人更好地体现人的价值，从低价值走向高价值，通过人与 AI 结合创造更加辉煌的成就。

五、奇点时刻

（一）AI 加速进化

2023 年是 AI 发展突飞猛进的一年，这一年中 ChatGPT 迅速从"出生婴儿"成长为"英俊少年"，这一年 AI 行业发生的重要事件超过以往 20 年的总和。AI 加速进化主要得益于两大因素：第一，新科技革命加速度发展，新的科技层出不穷，如量子科技、基因科技、新能源、新材料等，AI 与新科技跨界融合加快了发展速度。第二，物理世界向数字世界加速度转移，物理世界的数据、知识、资源、资产乃至人才源源不断地向数字世界转移，加速了 AI 的发展进程。AI 进化速度将越来越快。

（二）奇点到来

科技的加速度发展将迎来奇点时刻的到来，所谓奇点时刻是指 AI 超越人类智能的时刻，届时 AI 自我升级进入无限发展阶段。奇点时刻会带来巨大的科技进步，彻底改变人类的发展方式。全球科学界预测 2045 年将迎来奇点时刻，也有可能提前到来。

奇点时刻的 AI 是通用人工智能 AGI，AGI 是人工智能发展的最终目标。AGI 将超越人类的智能，可能造成人类就业岗位的替代，但也会生成新的就业岗位。一般而言，失去 1 个老岗位将会生成 2.6 个新岗位。人类与 AI 相比，在基础智能方面，AI 超过人类，在核心智能方面，人类胜于 AI，因为人类具有高价值创造的优势。人类能够控制 AGI 的发展，AGI 有"高级智力"，人类有超级"心力"，"心力"高于"智力"，使 AGI 更好地为人类服务。

（三）AI 治理

在高科技物化的过程中会带来副产品，AI 也是同样。AI 在发展中产生问题是不可避免的，需要以科学的治理方式来解决，新的机制和体制来支撑。

1. 发展治理安全

AI 在发展中产生的问题，只有在发展中不断解决。AI 发展与安全的关系，应该是在发展中保障安全。AI 的发展不以人的意志为转移，唯有顺应其发展并治理好才是正道。

2. 科学监管

对 AI 的监管是必要的，传统监管办法是"堵"，科学监管方法是"疏"。不能用监管人的方式来监管 AI，要创新监管方式，实行有利于 AI 发展的科学监管方式，实现 AI 发展与监管协同平衡。

六、新智能

（一）碳硅融合智能

人类智能是碳基智能，机器智能是硅基智能，新智能是碳硅融合智能，将产生超级智能，即 HI+AI=IA。

1. 相互赋能

人类与 AI 是相互赋能、相互促进的关系。人类将数千年的知识赋能 AI，使 AI 具有人类智能，并生成新的智能。反过来，AI 赋能人类，增强人类的智能。人类的进化是基因变革，进化速度较慢，AI 的进化是代码编写，进化速度快。AI 赋能人类进化，使人类更快适应环境的变化，以加快进化步伐。

2. 融合方式

人类与 AI 的融合是实现生命的数字化，其主要方式有两种：第一，数字人，首先将人的形态构建数字化身，然后将人的知识库嵌入到数字化身中去，就成为智能的数字人；第二，脑机接口，将人脑与电脑接口，脑机结合产生智能。两种方式都能走向生命的数字化，构建新生命、新人类。

（二）元宇宙

新智能的生存和发展空间在元宇宙。元宇宙为数实融合的新空间，元宇宙是"数字世界 × 实体世界"，一个全新的世界，在这个世界里"实数相融，以数驭实"。元宇宙是高维世界，在三维实体世界上叠加数字维，通过数字的高维能力解决低维的复杂问题。爱因斯坦曾说，复杂问题在同一维度是难以解决的，需要到高维世界中去解决，所以新智能需要进入高维的元宇宙世界。

（三）人类愿望

人类有两大愿望：其一进入宇宙太空，其二实现永生，这两大愿望的实现要解决一个共性问题，就是人类生命的数字化。

人类要进入宇宙太空，最大的障碍是人的肉体，因为目前没有一种交通工具能使人带着肉体在太空中遨游。唯有人的数字形态才能实现自由进入宇宙太空。宇宙中高级文明应该都是数字形态的生命。

人类要永生，最大的障碍也是人的肉体，因为肉体要生老病死，任何人都无法避免。唯有人的数字形态才能实现永生。在人的数字化身上，融入人的思想和知识，然后数字化身为人的"灵魂"，这就是人的永生。

七、大智能时代

（一）智能时代

人类已经进入大智能时代，智能时代具有巨大的优势。根据麦肯锡战略研究院报告，智能时代与工业时代相比有三项数字十分惊人：一是智能时代的科技发展速度是工业时代的 30 倍；二是智能时代的经济规模是工业时代的 300 倍；三是智能时代的社会影响力是工业时代的 3000 倍。由此可见，智能时代的发展前景无比广阔。

（二）范式变革

智能时代知识创新日益繁荣，知识创新的范式将产生革命性变革。

1. 传统范式

人类知识创新的传统范式有三个阶段：一是理论思维，通过理论思维发现科学规律，如牛顿发现万有引力、爱因斯坦发现相对论等。二是科学实验，应用科学实验发明新科技，如爱迪生发明电灯、居里夫人发明放射性元素等。三是经验模拟，包括自己的、他人的和历史的经验，通过模拟发现新知识，现在大多数的知识创新都是经验式的。这三种知识创新都是由人来实现的。

2. 新范式

知识创新的新范式是人工智能 AI 来实现创新，即"AI for science"，由生成式 AIGC 进行知识创新。

AI 知识创新有三个特点：一是由实物试错转向数据试错，通过数据和模型的试错获得新知识、新设计和新产品；二是由经验驱动创新转向数据和模型驱动创新，现实 AI 智能远远超过过往经验的智能；三是由个体智能转向群智能，大模型是全人类知识的集成，任何个体智能都无法比拟。由顶级科学期刊《Nature》公布的"2023 年度十大科学人物"

榜单中，有从全球重大科学事件中评选出占有一席之地的十位人物，还有一位特殊的非人类上榜，即 ChatGPT。

（三）智能新经济

1. 先进生产力

智能时代的中心是发展智能新经济，智能经济是目前社会最先进的生产力。智能经济有三项标志：以数据为关键要素，以 AI 为核心技术，以智能化为根本目标。

智能经济的基本任务是"两化"：一是智能产业化，包括智能硬件产业、智能软件产业、智能服务业等，特别是芯片产业成为智能产业的关键，支撑算力基础设施的发展；二是产业智能化，百行千业都要智能化，产业核心从功能上升为智能，通过智能大幅度提高各行各业创造价值的能力。对于企业来说，所有业务流程、经营流程都要逐步 AI 化，以提高新的价值。未来不能 AI 化的投资都是低价值的，通过提升 AI 化来提高投资的质量和效益。

2. 智能红利

智能红利是大红利。智能红利体现在两个模型中：一是联合国专家的模型，当一个国家、地区、企业的数字化水平超过 75% 以上，不增加投资，现有资产能创造 3 至 5 倍的新价值；二是 IBM 专家的模型，通过对全球 50 个数字化水平最高的企业跟踪调研，从 2007 年至 2017 年的 10 年中，

50 个企业的营业额提高了 12 倍。

智能红利来自"四化"：精准化、高效化、协同化和预判化。产业现在展现的价值犹如冰山一角，其大部分的潜在价值主要靠智能化才能挖掘出来，智能红利是未来最大的增量红利。

3. 新财富

智能时代新财富的创造者有三大主体：一是自然人，人是创造财富的主体，主要是创造高价值财富；二是数字人，数字人成为创造财富的新主体，数字人具有四大优势，高效率、低成本、高质量以及能复制，将是财富创造的主要力量；三是人与数字人合作，人与数字人都具有智能，双重智能的结合将产生全新智能，全新智能也能创造财富。三个主体创造的财富与日俱增，价值将呈指数级增长。新财富的主要形式是数字产品和数字资产，数字资产与实体资产相比不会贬值，越用越增值，未来数字资产一定会超过实体资产，成为新财富的主体。

（四）智能新社会

智能革命既改变生产力，又变革生产关系。在未来智能社会中有三大关系，一是人际关系，人与人之间的关系是传统生产关系；二是人机关系，人与机器之间的关系变得越来越重要，人机协作就是人机共智，共同创造的新机制；三是机机关系，机器与机器的关系越来越频繁，机机关系将超过人际关系和人机关系，形成未来社会最大的关系。三重关系构建智能社会的新型生产关系，成为社会关系的最大变革。

（五）智能新文明

智能社会创造新的文明，新文明的最重要特征是实现人类的全面发展。由于 AI 成为新的社会主体，大大减轻了人类的体力劳动和脑力劳动，使人类从低价值劳动中解放出来能够从事高价值劳动，实现人类价值的回归。同时人类有更多的时间学习、休闲、娱乐、养生，享受新的生活方式，有了更多的精神追求。智能新文明将全人类融为一体，形成了人类命运共同体，构建和谐和平世界。

第二部分
专题讲座

数字革命开启了全新的技术时代，算力成为新的生产力，通过 AI 技术，可以更高效地处理数据、解决问题，极大地促进了社会的发展和进步。《数字革命开放谈》系列专题讲座，主要聚焦数字经济领域，深入剖析了数字经济现状与未来发展趋势。

第一讲 数字化本质

　　对数字化本质的认知十分重要，只有从本质上理解数字化，才能从根本上实现数字化，这是数字化的道。具体从以下三个方面来分析。

一、数字改变基础结构

　　当今是乌卡时代，也就是一个不确定性的时代，新的科技革命成为最大的变量。新科技革命具有两大特征：第一个特征是科技加速发展，呈现几倍、十几倍的速度，带来事物的多变性；过去的变化大体一年一个变化，现在的变化，一个月一个变化，甚至一天一个变化。第二个特征是科技集群化融合，以往科技发展是单个新技术的突破，现在是多元的新技术交互融合发展，带来事物的复杂性。多变性加上复杂性，就构成了不确定性。越来越多的不确定性出现在生活的方方面面，社会的各个行业、岗位，而数字化是解决不确定性最有效方法。

　　万物的基础都是数字，做业务这行也一样，其底层逻辑都是数字，想要解决业务的不确定性，就要通过改变基础结构，用数字来解决复杂多变的业务问题，从而使不确定性转化为确定性，这就是数字化的本质。

那应该相信业务员的经验逻辑，还是相信所有业务量的数据分析？这里有一个很好的案例。譬如售卖泳衣，特别是女同志的泳衣，到底哪个省份卖得好？根据人们的常识，一般认为广东、海南这些地方泳衣比较好卖，因为这里天气比较热，又靠近大海，游泳的机会比较多。但是有人分析了某销售网站最近 5 年泳衣的销售数据，特别是女士泳衣出乎人们的意料，卖得最好的省份不是广东与海南，而是新疆与内蒙古。为什么呢？因为新疆与内蒙古比较干燥，沙漠多，离海又比较远，出于对海的向往，所以泳衣卖得比较好。这个案例说明人们根据常识来研究问题，还不如根据数字来分析问题，从而得到更准确的结果。其实万物只是存在方式，数字代表根本属性，通过大数据分析才能知道事物的真相。

二、数字驱动业务

一般来说，简单和确定性的业务是很好解决的，但是对于复杂和多变的业务，需要用数据来驱动业务，这就是"两个一切"。第一个"一切"就是将业务转变为数据，不同业务都变成统一的数据。第二个"一切"就是将数据转化为业务，通过数据的聚集整合加工产生新的价值，然后再回到业务中去，最后使业务实现增长。这样一个过程概括起来就是"一切业务数据化，一切数据业务化"，形成了一个闭环增值。所谓的"两个一切"，就是数据从业务中来，再回到业务中去，数字化机制就是"用数字来驱动业务"。

三、实现数实融合

数字化的发展分两个阶段：第一阶段是数字化1.0，从互联网线下到互联网线上，扩展人类的发展空间，目前已基本完成。中国有14亿人，现在有11亿人已经上线了，也就是75%的人上线了。全球有80亿人，有50亿人已经上线了，也就是65%的人上线了。但从数字化的价值来看，数字化1.0只能实现20%的价值，仅是数字化的起步。第二阶段是数字化2.0，从物理世界（实体世界）向数字世界发展，提高人类的发展维度。

爱因斯坦曾经说过，凡是复杂问题，在同一个维度上是难以解决的，需要到更高的维度上去解决。因为高一个维度，智能的升级是数倍的，高维能解决低维的复杂性问题。如开模具，有的模具要求里面的孔是弯弯曲曲的，形状是分层的，这样模具很难在物理世界解决，就需要到数字系统去解决。怎么解决呢？就是设计一个软件，软件上能够绘制模具的四维空间图，模具绘制好以后，可以用3D打印技术把它打出来，如此这个模具就完成了。所以很多实体世界解决不了的问题，可以到数字世界去解决。从实体世界到数字世界，这个升级才刚刚开始，也就是大家都讲的"数实融合"。目前，数实融合最好的空间就是元宇宙。从数字化的价值来看，数字化 2.0 方能实现 80% 的价值，这是数字化的主体。数字化的意义在于改变各种方式，包括经济的发展方式，产业的组织方式，企业的生产方式。

综合起来看，数字化的本质可以用三句话来概括：第一句话，数字改变基础结构；第二句话，数字驱动业务；第三句话，实现数实融合。

第二讲　大数据

大数据是数字化的基本"原料"，围绕大数据主要谈五个方面。

一、数据资源

数据资源是战略性资源，得数据者得天下。根据新的摩尔定律，全球数据量每 18 个月翻一番，今后的数据量会越来越大。数据是个大金矿，数据红利十分丰厚，值得开发。譬如徐州工程机械公司，主要是生产挖掘机的，每年要生产 100 万台挖掘机。以往挖掘机销售以后该公司就不再跟进，现在将 100 万台挖掘机全部联网，用传感器来采集挖掘机的使用数据，包括挖掘机的速度、挖掘机的油耗、挖掘机的温度，还有挖掘机零部件使用情况等，将这些数据传到数据库里，通过大数据分析再反馈给每个挖掘机的使用者，让使用者能实时掌握挖掘机的工作动态和状态，避免挖掘机出现大的故障。而作为数据的报告费，每台挖掘机收费是比较低的，每台每年大概 500 块钱，这样 100 万台就能够营收五个亿，也就是说通过大数据能够得到五个亿的红利。又因为 100 万台的挖掘机是分布在全国各个工地，通过大数据分析还可以了解这 100 万台挖掘机在各个工地上的运行情况，使之变成一个"挖掘机指数"。后来该公司向国务院汇报挖掘机指数得到赞扬，国务院要求将指数按照一定时间来报告，使整个国家的工程建设状况，有一个比较明显的数据分析，这就是挖掘机指数的新价值。

二、数据产业

数据是一个大产业，数据的产业链是很长的，包括了数据的采集、数据的清洗、数据的存储、数据的标志、数据的处理、数据的开发、数据的应用等等。构建一个数据服务的产业链，可以吸纳大量的劳动力，产生可观的价值。比如贵州省的贵阳市，最近三年大力发展数据产业，邀请北京、上海许多需要建大型数据中心的产业到贵阳来建数据中心。为什么要来贵阳建数据中心呢？因为贵阳市曾有许多工厂建设开办，后来随着时代发展，这些工厂已经关闭，但厂地还在，且都建在山洞里，山洞的优势是冬暖夏凉，山洞里温度常年是 15℃左右，这对于存储大数据是很好的条件，能够节能、节约成本，而且山洞很大，足够接纳数据中心的建设。最近三年，贵阳通过大数据产业的发展，GDP 增长 1500 个亿，财政收入增长 120 个亿，一下子增加了很多的发展机会，充分体现了数据产业的优势。

三、数据要素

数据是新的生产要素。传统的生产要素包括劳动力、土地、资本、技术。数据的生产要素具有特殊性，不仅自己具有价值，而且与传统生产要素相结合能产生新的价值。数据赋能劳动力，数据赋能土地，数据赋能资本，数据赋能技术，将产生价值的乘数效应，所以数据已经成为关键的新生产要素。如常州电能营运公司，是一家专门为企业建变电所、维修变电所的公司。在长期的工作中该公司发现，中小企业管理运营变电所，只是要有人值班至少要 3 个人，有的要 6 个人，但实际上工作量是不大的。为帮顾客节省劳动力，该公司提出一个方案，帮顾客建好变电所，再帮顾客运营。长久下来，该公司现在帮中小企业运营的变电所达到 5000 个，通过运营最大的收获就是得到 5000 个中小企业变电所的数据，这些数据的价值很高，对企业节约用电、提高用电效率都有很大的作用。近年这家上市公司向资本市场募集资金，原来计划增发 2 个亿，结果增发了 5 个亿，比预期多了 3 个亿。后来有人分析为什么会多了 3 个亿呢？主要是由于投资者看中这家公司有这么大量的数据，这些数据的价值是不可预估的，认为这家公司的发展后劲比较大，所以大家都愿意投资。而在增发中间增加的 3 个亿，是由大数据带来的，由此可见大数据这个要素的重要性。

四、数据资产

数据从资源上升为资产，发挥更大的作用：其一对数据要确权。按照新的规定要求，数据一分为三，即数据的持有权、数据的加工权、数据的经营权分开。这是数据基础制度的重大创新，有利于数据的开发使用；其二将数据流通进入市场。通过打通堵点和痛点，使数据证券化实现交易与增值；其三将数据资产化。根据财政部新的规定，数据可以作为数字资产列入资产负债表，增加企业新的资产。这对于很多轻资产经营企业是利好，因为他们没有大量的固定资产，如土地、厂房等，但是他们有数据资产。这些数据资产如果进入资产负债表，能够增加净资产，对他们融资和估值都能够起到重要作用。

五、数据安全

数据安全十分必要。首先要处理好数据使用与数据安全的关系，数据使用是价值，数据不使用是成本。因为数据不使用放在服务器里，要用电就是一种成本支出，使用与安全相比，数据使用是第一位的。从数据的总量来分析，真正需要保护的数据大概占10%左右，绝大部分的数据是应该通过流通、开发来使用的。数据安全主要是通过技术手段来解决，比如通过区块链加密来保护数据，通过联邦计算能够做到数据可用而不可见。

第三讲　云计算

云计算是数字化的新型服务平台，围绕云计算主要讲五个方面。

一、云计算的本质

云计算是什么？云计算是提供计算服务的大平台，就像用电一样，不能一家一户搞发电机的小生产方式，而是集中建设发电厂的大生产方式。发电厂的电通过电网向全社会供电，云计算平台的计算资源也是这样。云计算是基于互联网集中供给计算的模式，通过网络提供按需、高效、可靠、灵活、安全的计算资源和计算环境，为用户大量节约使用的成本，提高使用的效率。所以云计算的本质是数字化的集中服务。

二、云计算架构

云计算的基本架构由三大部分组成，一是基础部分IaaS，基础设施即服务，有服务器等硬件的构建，主要是存储数据。二是平台部分 PasS，平台即服务，数据在平台上进行计算。三是应用部分 SaaS，应用即服务，主要是软件的服务，软件通过 SaaS 来提供应用市场。

美国与中国的软件服务方式是不一样的。美国主要是软件服务，不是卖软件，90% 是把软件放在平台上为大家服务，服务方式是以平台上的 SaaS 分享为主题的。中国恰恰相反，10% 的软件放在平台上分享，90% 的软件需要用户购买。而通过 SaaS 软件服务，是一种平台服务的大生产方式。

三、云计算的功能

云计算有五大功能：第一，存储功能，就是将数据集中存储在云服务器上；第二，计算功能，应用服务器的计算功能，对大量的数据进行集中计算；第三，服务功能，云平台上有各种各样的软件，如 APP、小程序等，通过软件应用为用户提供各种专业服务；第四，管理功能。云平台上有各种系统，为用户提供管理，主要是管理公共服务，比如一个企业集团，它下面有很多子公司、分公司，这种集团通过云平台进行管理公共服务是最好的，不用每一个子公司、分公司自己各搞一套管理公共服务。这样不仅能够节省投资，而且服务质量更好；第五，安全功能。云平台应用多种安全系统，确保服务的安全。我们要求数据的安全跟存款的安全是一样的，存款放在家里不一定是安全的，放在银行里的大多数是安全的，因为银行有很多安全措施。在云平台里的数据也是这样，它有很多安全措施，道道把关，比自己保存应该更安全。

四、云计算的类型

云计算总体上分为四大类，第一类是公有云，大机构、大企业，建立公有的云平台，为社会化服务。第二类是私有云，建立私有的云平台，为企业或机构内部自身服务。第三类是混合云，就是将公有私有结合起来，既为自身服务，又为社会服务。第四类是边缘计算。在场景和终端为实现高效边缘计算，实施云计算与边缘计算一体化。为什么要搞边缘计算呢？因为放在云上计算时间比较长，放在边缘来计算时间能更快，质量更高更安全。边缘计算与云计算合作实现了一体化运营。

五、云计算的应用

云平台上集中了大量的数据和资源，用户按需租用服务。企业上云已经进入常态，很多企业现在都在云上，全国用云量高度集中在北京、上海、深圳、天津、广州等一线城市，特别是北京、上海、深圳三城。传统企业将用了多少电，用了多少水作为一种考核方式，而深圳等地主要是看企业用了多少云，用了多少数，作为新的考核方式，这就是观念上的差异。

新的产业组成方式就是大量中小企业上云，从事基本业务，云平台为中小企业提供公共服务，如数据服务、资源服务、软件服务、要素服务等，构建一个新的生态体系。中小企业是分布式的，集中起来的大企业在云上。未来大企业都是云平台，如阿里云、淘宝。淘宝中大量淘宝店都是小企业，上千万淘宝店都是小微企业，淘宝为上千万淘宝店提供各种各样的综合服务，所以整个淘宝就是上千万企业级的大企业，这是产业组织方式的重大的发展。

第四讲　物联网

物联网是数字化的传输网络,围绕物联网主要谈五个方面。

一、物联网的内涵

物联网是万物相连的互联网,一句话概括就是万物联网。指的是在互联网基础上延伸和扩展的网络,也是将各种信息传感设备与互联网结合起来的经营网络,可以实现在任何时候、任何地点,人、机、物的互联互通。特别是5G 网络的应用,大大加速了互联网的发展,实现了万物互联。5G 网络未发展和应用之前,网络速度慢,导致电子设备间连接出现迟滞效应,迟滞效应影响互动,特别是设备的互动动作,5G 的发展很好地解决了这个迟滞问题,对于物联网的推进起到了关键性作用。

二、物联网的构建

物联网的构建主要分三层:第一层是感知层,有大量的传感设备来感知信息,传感设备包括各种传感器,比如温度传感器、湿度传感器、长度传感器等。通过传感器来感知数据，激光雷达可以扫描周边的数据，摄像头设备能够感知城市各个场景的数据等；第二层是传输层，将感知到的信息由通信网络进行传输，送到人、机、物方方面面；第三层是应用层，将传输来的信息应用到各个方面，实现信息的交换、互享。

三、物联网的功能

物体通过联网进行信息的传播、交互，以实现识别、定位、跟踪、监管等功能，对企业具有重要的价值。如有一个案例：某大型的肉类加工公司遇到一个问题，凡是将肉制品运送到 500 千米以外的地方都会亏损。分析了一下原因大体有四个：一是汽车货厢封闭不严密，在运输过程中小包装产品掉在路上驾驶员不知晓，造成了损失；二是肉制品在长途运输中需要汽车开冷气来保鲜，驾驶员为节约用汽油得奖励，在刚上路时开一会儿空调，过了一阵子就不开了，时间长了，肉就坏掉了；三是有的驾驶员加满油后，将油箱里的油便宜卖给其他司机以此获利，导致耗油更多；四是汽车返程一般是空车，司机为谋利走远路去帮别人带货，导致运输成本增加。面对这些难题，企业想了一个好办法，就是搞物联网。企业在汽车上面装了多个探头和传感器，这样收集到的这些数据能够实时传回公司总部。如小包装产品掉了，探头捕获信息后就会告诉驾驶员去拾回；如司机把空调长时间关了，传感器感应温度升高，就会通知司机赶快把空调开起来；如司机把油给了其他司机，传感器感应油变少就会通知公司，说明司机用油不正常；如回程时司机去远程带货，GPS 就会显示并传输回总部。有些驾驶员对此很反感，就把传感器、探头拆掉，拆掉以后汽车的方向盘不动了，车开不了了。就这样，通过应用物联网解决了500 公里送货亏损的难题。

四、设备互联

设备互联是物联网最重要的应用功能，网络协同就是通过物联网使设备能够协同起来。现在我国的设备互联处于初级阶段，互联的数量规模不大，但发展的空间巨大。有一个很好的案例：在我国许多大城市，一条长长的马路上相隔几十米就有一个红绿灯，如果等了一个红灯好不容易绿灯来了能走了，但几十米外又是个红灯，这样，交通拥堵不是少了，反而多了。这是什么问题？因为红绿灯的信号灯是信息孤岛，指令自动但不智能，前面一个红灯变绿灯，后面应该是随着距离和车速逐渐同步变绿灯，就像日本的绿波带，只要这一条路不拐弯都是绿灯。日本就是把城市红绿灯用物联网连起来，实施智能化服务。现在我国最大的物联网就是车联网，对自动驾驶起到关键性作用，随后轮船也要开始船联网，实现无人驾驶。

五、互联智能

互联智能网络范式有望有效帮助解决当前社会经济体系中的挑战，并对人类日常生活产生重大影响。互联智能是互联的产品与设备产生智能，实现数据物联共享，产生新的智能，使设备与产品能力越来越强。现在的产品也好，设备也好，只是功能性的，不是智能性的，如果用物联网连起来，就是把功能变成智能。如家用扫地机器人，未联网时需要频繁弯腰调整，联网后会自动规避障碍物，远程控制等实现智能化，而且大量扫地机器人通过联网实现数据共享、能力共享，通过共享让每一个联网的扫地机器人能力越来越强，能够处理各种复杂问题。现在产品联网也越来越多，如冰箱，不联网的冰箱仅是功能冰箱，联网的冰箱才是智能冰箱，智能冰箱知道冰箱里面什么东西没有了，就会自动帮助去购买，而且冰箱云上面有很多菜单、做菜视频，给生活提供了便利所以互联以后最大的变化，就是把功能产品变成智能产品。

第五讲　区块链

区块链是数字化价值的实现，围绕区块链主要谈五个方面。

一、区块链定义

区块链中的"区块"是指数据库。区块链中的"链"是指众多的区块形成一个不断增长的链，加起来就叫区块链。区块链是一种分布式的数据库技术，以块的形式记录存储的数据，并且使用密码学算法，保证数据的安全性和不可篡改性。

二、区块链是信任链

区块链的核心是去中心化，通过点对点的加密来保证数据的可靠性与安全性，不要第三方来储存数据。区块链保证数据的透明度以及可追溯性，实现数据的公平和可信，成为真正的信任链。如数字货币都是数据上链的，保证货币真实性、透明度以及可信度。比特币是 2008 年金融危机后出现的一种数字货币，可以让人们绕过银行和传统的支付方式进行交易，如今已经在数千种所谓的加密货币中脱颖而出。它依赖于"区块链"技术，是一个共享的交易数据库，每项数据都必须经过确认和加密，保证货币的透明性、公平性、可靠性，所以比特币虽然起起落落，但一直在发展，价值也是上升的，说明大家还是信任区块链的。

三、区块链是协作链

区块链最适用于大规模的协作体系，协作中间我们最需要的就是协作协议。区块链由所有协作成员签订一个"共识协议"，这个共识协议是共同遵守的价值主张与共同规则。共识协议是一个算法，自动执行不是人来执行，通过代码来执行，所以是一定要执行的。元宇宙有一个新型的组织DAO，DAO是什么意思呢？自由人的联合体，就是大家为了同一个目标或者同一个任务组成一个新的组织。这个组织里的人都不熟悉，怎么组织起来的呢？就是通过共识协议来组织来规定这一个组织的各种行为。DAO组织实现"四共"：第一，自由共生，大家自由组织起来共同生存；第二，价值共创，围绕一个目标、一个任务，大家共创价值；第三，利益共享，产生的利益大家共享，共同分配；第四，自治共建，通过自治来共建的，一人一票，大家同意后才能实现。

四、区块链是价值链

区块链中的协作体实施价值共创，利益共享。首先要对所有贡献者的创造价值进行确权，然后按照确权进行分配。区块链的价值分配是通过智能合约来实现的，什么是智能合约？也是一个算法，是用代码来保证合约自动执行，因为是靠代码而不是靠人，所以是一定要执行的。

雄安新区所有的工程都是用区块链来实现价值的。首先把工程整个过程放在区块中，每一个区块确定其价值，等区块工程款到了，就按照原来设定的价值自动执行，这样大大减少了应收款和拖欠工程款，各方所做的价值一次性到位。工程中农民工都有一个钱包，到月底钱就打到他钱包里去了。通过区块链来保证价值分配全部到位，所以区块链是价值链。

五、区块链的应用

随着区块链技术的成熟，并且与其他数据的结合，区块链的应用越来越广泛，应用的效果也越来越好。现在已经普遍应用的主要有几个方面：一是区块链存证。区块链存证是确认各种证书，如学生的毕业证书、专业证书、票据等，都通过区块链来存证，就是将数据上链，确保证件、票据是真实的、不可篡改的，这就是存证的作用；二是区块链溯源，溯源是区块链从源头跟踪，如菜场里的蔬菜，从农田种植蔬菜开始，种植以后怎么样收割，怎么样包装，怎么样运输，怎么样到达商场，最后到用户手中，整个过程可溯源，每一个轨迹的数据都是上链的，保证用户手中的蔬菜是新鲜的、有机的、绿色的，通过区块链保证蔬菜的安全；三是供应链金融，通过供应链金融来解决企业信用问题。供应链金融围绕一个主体企业，建立上下游企业配套供应链，将每个企业的数据上链，按照贡献来确立价值，诚实信用得到保证，银行感觉这样是安全的，为此银行将款项分解到供应链里的每一个企业，这样不会搞应收款了，企业拖欠问题得以解决。供应链金融是一个好机制，区块链起了决定性作用。

第六讲　数字孪生

数字孪生是数字化的双胞胎，围绕数字孪生主要谈三个方面。

一、数字孪生的定义

数字孪生是充分利用物理模型、传感器更新、运行历史等数据，集成多学科、多物理量、多尺度、多概率的仿真过程，在虚拟空间中完成映射，从而反映相对应实体装备的全生命周期过程，号称数字双胞胎。

二、数字孪生的构建

数字孪生主要由四个部分来构建：一是数据采集，通过传感器、监测设备等采集现实世界中的数据；二是数据处理，对采集到的数据进行预处理和清洗，将其转化为数字形式；三是模型构建，利用建模工具、算法和模型，将数据转化为数字孪生的模型；四是仿真执行，根据数字模型构建出合适的仿真模型，进行仿真和数据分析，从而达到优化和控制的目的。

三、数字孪生的应用

数字孪生技术已经应用于多个领域，常见的主要应用场景有以下几种。

第一是工业生产。数字孪生技术可以用于建立工厂、生产线、设备等数字模型，通过实时数据的采集和分析，实现生产过程的监控和优化，提高生产效率和产品质量。数字孪生不是固定的，因为数据不断地更新，数字孪生反过来对于实体生产起到优化的作用，特别是维修运营，数字孪生的作用特别大。数字孪生产生的数字产品可以作为一种新的软件产品出售，如设备的出口，假如用户很难到设备所在地来看设备，那运用数字孪生技术，就能将数字产品发过去，用户就能看到设备，包括外形、内部结构、营运操作等情况，就像真的在看设备一样。数字孪生对于产品营销作用很大，而且，有些复杂设备可以两个产品一起卖，一个卖实物产品，一个卖数字产品，数字产品还是不断升级的。这是一种产品销售新方式，能带来更好的体验，也能带来更多的收益。

第二是城市管理。数字孪生技术可以用于建立城市数字模型，通过模拟城市的营运情况，优化城市的规划和管理，提高城市的安全性与舒适性。数字孪生城市对地下建筑特别有用。真实世界里，一条马路只能看到马路上面所有的建筑，马路下边的管道线路是看不到的，但数字孪生技术就能把地下的管道线路影像反映到路上面，这对维修很便利。如果要翻新一条马路，数字孪生也可以提供整条路的数字影像，使工人能更精细地翻新，这对于城市的建设与管理起到很好的作用。

第三是医疗健康。数字孪生技术可以用于建立患者的数字模型，通过模拟和分析患者的生理和健康情况，提供个性化的医疗建议和治疗方案。数字孪生为个人建一个数字模型，通过分析提出解决方案，在数字模型上反复试验，通过迭代优化将问题基本解决，这样就能减少患者痛苦，更科学地解决医治问题。

第四是能源与资源的管理。数字孪生技术可以用于监测和优化能源资源的使用以及分配，提高能源与资源利用效率和管理水平。企业先将能源与资源数字化，用数字孪生做一个最优化的模型，再应用到实际，大幅度提高了企业资源与能源使用的精细化程度。

第五是教育培训。对于教育培训行业，数字孪生可视化技术有着神奇的应用场景，可以改变现有的教育教学方式，提高教学质量，降低教育成本，带来更好的教育培训效果。随着数字孪生技术不断发展，飞行模拟成为飞行员培训和飞机设计领域的重要组成部分。数字孪生技术，基于数字模型和仿真，可以在虚拟环境中精确地模拟飞行过程，从飞机设计到实际飞行培训，为飞行行业带来了更高的效率、安全性和成本效益。如飞行员培训，运用数字孪生技术先做一个数字飞机，在数字飞机上模拟培训，在技能掌握后，再进行实际训练。这样，一方面训练时间大幅缩短，另一方面培训安全性也得到了保证。

第七讲 虚拟现实

虚拟现实是一种通过计算机技术和感知设备模拟出的数字化环境，使用户能够身临其境地体验和探索未知的数字世界。虚拟现实是数字化的交互机制，为人们提供了前所未有的沉浸式体验。围绕虚拟现实主要讲三个方面。

一、虚拟现实的技术

虚拟现实技术是人们进入到数字世界的交互技术，也就是从物理世界到数字世界，通过数字头盔或者数字眼镜，用户可以进入一个完全由数字化技术构建的虚拟世界，感受到 360 度全方位的沉浸式体验。随着技术的不断成熟，数字眼镜和数字头盔之前存在的问题正在逐步解决。

第一，重量问题。之前眼镜太重、头盔太重，现在变得越来越轻了。一个数字眼镜与普通的眼镜差不多重，大概 50 克到 60 克。

第二，头晕问题。之前长期使用数字眼镜和数字头盔容易产生头晕，经过技术上的不断迭代，头晕的问题已经基本解决了。

第三，价格问题。数字眼镜与数字头盔原来价格很高，随着技术的不断迭代，现在的价格越来越便宜了，基本上数字眼镜与智能手机价格相仿，虚拟现实工具已经慢慢普及化了。

二、虚拟现实的分类

虚拟现实技术主要分四大类：第一类是 VR，VR 为虚拟现实技术，一种通过特制设备创造出来全新的虚拟的环境，使用户沉浸在虚拟世界之中；第二类是 AR，AR 为增强现实技术，一种在现实世界中叠加虚拟信息的技术，用户通过手机、平板电脑等显示设备，就能观察到现实场景，系统通过识别现实场景，并将虚拟信息叠加到现实场景中；第三类是 MR，MR 为混合现实，是现实世界和虚拟世界的融合，产生新的可视化环境，环境中同时包含了实体环境和虚拟信息，且具备"实时性"，虚拟信息可以在真实世界中实现实时交互；第四类是 XR，XR 为扩展现实，是由计算机技术和可穿戴设备产生的所有真实及虚拟环境的结合以及人机交互，是 VR、AR、MR 的集合，所以实际与虚拟融合的技术都可以视为 XR 的一部分。XR 的体验感也更强烈。

这四类技术在现实中都已经使用，XR 技术具有最好的发展前景。

三、虚拟现实技术的应用

随着各种技术的深度融合，相互促进，虚拟现实技术在教育、军事、工业、文旅、医疗、城市仿真、科学计算可视化等领域的应用都有极大的发展。现在应用比较好的领域是文旅、工业、医疗。

第一是文旅行业。文旅行业主要用在旅游上，旅游景点应用 VR 技术进行创新，如 2024 年的上海豫园灯会，以《山海经》中的奇草异兽形象做成花灯实景，再与 AR 技术融合，将整个灯会搬进元宇宙，在线上为游客再塑"云游山海奇豫记"，游客可以通过手机镜头等看到巨鲲正乘云飞过、玄岛从湖边掠过……这种美好的互动性和体验感，是虚拟现实技术的有效应用，同时也促进了旅游业发展。

又如四川的猴山，猴山上原来有很多猴子，猴子跟人经常吵架，特别是小孩跟猴子玩了以后，被砸伤了，猴山没有办法就把猴子赶跑了，猴子赶跑后也没人去了。现在想了一个新的办法，就是引进数字猴子，制作许多数字猴子，应用 VR 技术与数字猴子来玩，数字猴子不会砸伤人，而且更有趣，体验性更强。数字景点吸引了大量的游客。再如杭州西湖，如果游客冬天到杭州西湖旅游时突然想看春天的西湖，应用 AR 技术就能看到春天的西湖景色，苏堤春晓、柳浪莺啼近在眼前，观赏的体验性就更好了。

第二是工业行业。工业利用虚拟现实技术有设备维修，运用 VR、AR 技术先虚拟维修一遍，确定做好后再到现实中去维修，可以节约成本，缩短周期。

第三是医疗行业。面对疑难杂症，有些手术医生是没有把握的，这时用 VR、AR 技术在虚拟场景中先模拟开刀手术，根据效果不断调整，基本掌握后再实际开刀把握就大了，治愈率就高了，效果也就更好了。

虚拟现实技术最大的应用在元宇宙，元宇宙不是一个虚拟空间，而是一个虚实结合的世界。元宇宙是通过合并各种虚拟空间而形成的虚拟数字 3D 宇宙。进入元宇宙最好的交互工具是数字眼镜、数字头盔，有了这两个工具才能进到元宇宙。我们可以用虚拟身份进入数字世界，并且可以在各种元宇宙空间中购物、闲逛或与朋友会面，就像在现实世界中一样。简而言之，在现实世界的孤立环境中不能实现的活动可以在元宇宙中虚拟地发生。

第八讲 脑机接口

脑机接口是指在人或动物大脑与外部设备之间创建的直接连接，实现脑与设备的信息交换。围绕脑机接口主要谈三个方面。

一、脑机接口技术

脑机接口是一种大脑与计算机之间建立直接通信渠道的技术，可以实现大脑与设备的信息交互控制。在实现过程中，需要解决信号采集、信号的处理和输出控制等问题。脑机接口有两种方式，一种是侵入式，一种是非侵入式。侵入式需要对深入头颅内部的组织进行信息采集和记录，这是一种有创的方式，其优点是记录的信号时空分辨率高，信息量大，能够精确地控制。非侵入式采取无创采集技术，在头部的表面或者附近采集大脑响应信号，所以实现的交互性能是比较有限的。美国马斯克是用侵入式做实验，开始的时候用猴子进行实验，在猴子实验成功的基础上，再对人脑进行实验，现在得到了美国政府的批准，可以直接进入人的大脑进行侵入式脑机接口的试验。

二、脑机接口的组成

脑机接口通常由三个部分组成：一是信号采集系统，通过电极感应器等设备，从大脑中采集神经信号；二是信号处理系统，将采集到的神经信号进行处理，转换为计算机可以理解的二进制代码，就是 0101 的二进制代码；三是输出系统，将计算机处理后的二进制代码转换为控制信号，控制外部设备的联动。

三、脑机接口技术的应用

脑机接口技术的应用场景越来越广，包括医疗、教育、工业、文娱等诸多方面。比较成熟的应用：第一，医疗领域。脑机接口技术可以帮助残障人士实现肢体功能的恢复。比如失明，眼睛看不到，通过脑机接口就能看见事物；又如失聪，耳朵听不见，通过脑机接口可以恢复听力，像正常人一样能听到各种声音；又比如截肢，手脚截肢后难于运动，可以安装义肢，用数字化的义肢与脑接口就能恢复运动功能；又比如阿尔茨海默病，即老年痴呆症，通过脑机接口可以提高记忆能力，缓解疾病；还有脑卒中等神经性的疾病也有望解决；第二，教育领域。脑机接口技术可以应用于教育与训练，如儿童注意力问题，小孩子注意力不够，通过脑机接口可以提升注意力，提高学习效果很明显；第三，职业培训领域。企业培训员工操作设备技术时，员工通过脑机接口技术，可以更加智能化地控制操作设备，提高工作效率和准确性。如新的设备操作起来复杂难度高，用脑机接口技术，能快速掌握知识与技能；第四，文娱领域。脑机接口技术，可以用于音乐、电影、旅游等行业，通过感知观众的脑电波的信号来实现更加智能化的娱乐的体验，增加观众的参与感和互动性。比如一部电影，观众看的时候，用脑机接口技术，就能通过观众的脑电波信号来收集电影的情节，对观众的影响，从而为优化电影内容提供参考价值，又比如游戏，通过脑机接口后，可用脑电波信号来调节玩时的兴奋感，使玩得更有体验感。

随着脑机接口技术的不断发展和升级，人类能够成功将脑机接口技术融合进生活、赋能产业，助力国民经济发展，提升大众幸福感。

第九讲　人工智能

人工智能是数字化生产的数字产品，围绕这一个主题主要讲五个方面。

一、人工智能的发展

人工智能是应用数字技术创造与人类智能相类似的智能机器，模仿人类具有感知、分析、决策、执行等能力。一般情况下，新技术的发展都有三大浪潮，人工智能作为新技术的一种，其发展也经历了三大浪潮：第一波浪潮是技术关。1965 年创建图灵测试系统，所谓图灵测试就是机器与人同样来测试题目，如果是达到 30% 的正确率，说明机器成功；第二波浪潮是生态关。1980 年起逐步建立人工智能产业生态系统，生态系统是配套的，包括技术、市场、社会等；第三波浪潮是应用关。2016 年开始，人工智能进入市场应用阶段，标志性的事件是阿尔法狗战胜了全球的围棋冠军。特别是 2022 年美国 OpenAI 发布 ChatGPT 具有划时代意义，开启了全面智能化的新时代。

二、人工智能的构成

人工智能三大核心要素是算法、算力和数据。①算法是方法，即解决问题的方法，就如数学中的函数公式。算法重在时空结构，从空间结构来讲，主要是参数权重；从时间结构来讲，主要是编码时序，以代码程序来表达。②算力是能量，重在数据中心和智算中心，更多的是智算中心，即智能计算中心。现在的算力缺口巨大，主要体现在芯片的供给，特别是GPU芯片。CPU是文字芯片，GPU是图像芯片，最缺的是GPU，由美国英伟达公司生产，英伟达公司的GPU发展十分红火，市值超过万亿美元。③数据是原料，重在数据的规模和质量，数据规模越来越大，全球数据量每18个月翻一番，数据质量主要体现在动态数据和结构化的数据。

三、人工智能的学习方式

人工智能的学习方式有两个方面：一是机器学习，一是神经网络，两者相加为"机器学习＋神经网络"。

首先是机器学习，这是一种试错性学习。人类学习是正面的学习，机器学习是试错中学习。机器学习时对照目标，凡是数据与目标接近就是1，与目标离开就是0，经过不断地试错，最终优化达成目标。

机器学习的具体方式：一是监督学习，所谓监督学习是我们人控制的,对于每一个数据都有标志;二是无监督学习,无监督学习是没有人控制的;三是深度学习,深度学习由机器自己学习,通过数据学习发现规律;四是强化学习,通过反馈来优化学习。

关于神经网络,神经网络是一个学习的架构,像人的大脑一样学习,数据训练是在神经元网络进行的。

四、人工智能的分类

人工智能总体上分成两大类:第一类是执行式人工智能。如机器人,机器人按照人类制定的固定程序,按照指令来自动执行的。执行式 AI 具有感知功能,人脸识别就是视觉的感知功能来达到人脸识别要求;第二类是生成式人工智能,也就是生成式的 AIGC。生成式人工智能既有感知功能,也有认知功能,能自主生成智能内容。生成式人工智能又分成两种:一种专用人工智能,在一个专用领域中生成智能;一种通用人工智能,即大模型,已经成为通用人工智能的入口,也在各行各业中生成智能。通用人工智能如果再向前发展,就成为超级人工智能。

五、人工智能的应用

人工智能的应用已经深入到百行千业,这里讲两个典型案例。

第一个案例是专用人工智能。无锡有一家企业，主要运营的是将电梯联起来的云平台，有 150 万台电梯在云上互联互通。云平台由专用人工智能来运营，主要是远程监控，原来一台电梯，6 个部门管，数据都是孤立的，每年的维护成本很高，通过 AI 连通以后，一台电梯由原来每年维修费用的 3000 元减少到现在只要 1200 元，减少了 60% 的成本，少了 1800 元，总共 150 台电梯节省成本 27 个亿，效果十分明显。现在梯联网将数据应用到其他领域，与保险公司合作，使保险公司能够预判电梯情况，减少了电梯的损坏，赔付费用也大大减少，效果也相当好。原来一个中等城市，每年电梯保险要赔一个多亿，现在 100 多万就够了。

第二个案例是通用的人工智能。通用人工智能也就是大模型，大学生就业问题已经开发了大模型，大模型把大学生的应聘资料和企业的招聘信息进行数据整合，就可以提高就业的匹配度，比如有个大学生要求就业与大模型对话，他把自己的情况与大模型交流以后，大模型匹配了 10 个方案，可以到 10 家企业去应聘，大学生按照方案应聘，果然有 5 家企业给了他Offer。他也不知道这 5 家企业怎么样，再次跟大模型交流，最后就确定一个。大模型又告诉他面试方法，因为大模型掌握了很多面试的案例，他按照大模型给的建议，面试一次性成功了，而且企业给的薪酬也很高，人工智能发挥了很大的作用。

第十讲　大模型

大模型是通用人工智能的入口，围绕大模型主要讲五个方面。

一、大模型的发展

美国 Open AI 公司于 2022 年的 11 月 30 日发布 ChatGPT，标志通用人工智能已经进到入口，具有划时代的意义。GPT 大模型已经从 GPT-1 发展到 GPT-4、5，中国百度公司的"文心一言"达到了 GPT-3 的水平。现在的用户已经突破 9000 万，GPT 大模型已百花齐放。

二、大模型的革命性

大模型是知识的大革命，其革命性体现在三个方面。

第一是大模型 GPT 是"超级知识库"，集中了人类 80% 的知识和数据，并进行有序的结构化。一是全球 80% 网站上的知识信息，二是全球 80% 图书馆的知识与信息，三是全球 80% 博物馆的知识与信息，所以是名副其实的"最强大脑"。

第二是大模型 GPT 是人机交互的新机制，改变传统的编程代码交互方式，直接使用自然语言进行人机交互，这是交互方式的重大突破。传统的人机交互要通过编码程序，这是很专业的，大部分人都不可能具备这个能力。现在 GPT 改变了，直接可以用自然语言跟计算机交互，常人都可以进行跟机器交互，是重大技术突破的新机制。

第三是大模型 GPT 是智能的重大基础设施，GPT 具有百亿级千亿级的参数，由于参数量大产生涌现效应，产生强大新推理，自主生成智能内容，适用于各行各业，成为最重要的智能基础设施。

三、大模型的爆发性

ChatGPT 发布一年来突飞猛进，这一年中 AI 领域发生的事件比过去 20 年总和还要多。主要表现：一是最近时期人工智能的工作岗位增加了 20 倍，通过 AI 大量就业与创业，产生了新的数字游民，数字游民大多是 AI 人才，在网上自己开一个工作室，为人工智能服务；二是大企业特别是500 强企业首先应用大模型，工作效率提高了 4 倍，中小企业也在跟上；三是数字人需求激增，如南京的硅基智能公司，2023 年已经输出百万级的数字劳动力，到 2025 年要输出一亿个数字劳动力。

四、大模型的基本类型

大模型大体上分三种类型。

第一是基础大模型，具有开放性和系统性优势，主要是提供公共服务，Chat GPT、百度的文心一言等都是基础大模型。

第二是行业大模型，通过行业数据的微调，创建行业性大模型，主要提供行业服务。因为基础大模型比较宏观，每个行业情况不一样，所以要搞行业大模型，来适应各行业的需求。

第三是专属大模型，通过场景数据来微调，专门为场景服务，提高服务的精准化水平。专属大模型还包括企业建自己的专属大模型，个人建自己的专属大模型，企业大模型和个人大模型将成为新的潮流。

五、大模型的普惠应用

大模型就是服务，其服务方式有三类：一是新工具。大模型的新工具主要有 7 种，包括创建文本、创建图像、创建音频、创建视频，还有能翻译、能做代码、能做 PPT 等；二是新能力。大模型赋能营销决策、为各种场景提供智能决策。通过提高水平能力，为企业大幅度增加价值；三是新伙伴。大模型已经从工具走向伙伴，这是重大的升级。未来团队都应有 AI 成员参加，AI 是最好的智能伙伴。

现在大模型已经应用在金融、文化、教育、医疗、工业、交通、能源等诸多领域。

以金融为例，大模型有五大应用：第一，精准营销，由于大模型数据多，能够深度分析客户需求，然后更好地为客户服务，还能通过全网搜索找到新客户，起到精准营销作用；第二，智能客服，银行里的用户客服许多都是数字人，能够回答 80% 的问题，特殊的问题则需转接人工来回答；第三，智能投顾，运用这个大模型来投资决策，当投资顾问，更精准更有成效；第四，智能风控，金融投资主要看重风险控制，大模型通过数据分析，能够发现问题，提出问题，预测风险，从而控制风险；第五，软件开发，金融行业经常要开发新的软件，现在用大模型来开发软件，效率高，质量好。所以金融行业大模型的应用是比较成熟的。

第十一讲　智能体

智能体是人工智能领域中一个很重要的概念。任何独立的能够思考并可以同环境交互的实体都可以抽象为智能体。智能体是人工智能的高级形态，围绕智能体主要讲四个方面。

一、智能体原理

智能体的英文为 Agent ，Agent 是高级人工智能，以大语言模型为驱动，具有感知、规划、记忆、行动的能力，通过独立思考调用工具等，具备完成给定任务的能力。智能体 Agent 既可以是高度自主性的软件，也可以是高度智能性的硬件，充分体现认知性、自主性和预动性，模拟人类思维和行为方式，实现对环境的感知、决策、行动和学习的过程。

二、智能体构成

智能体 Agent 以大模型为技术基础，有四大模块构成：

一是记忆模块,智能记忆能够形成短期记忆和长期记忆;二是规划模块,智能体能够事前规划与事后反思;三是工具模块,智能体能调用网络上的各种工具;四是行动模块,智能体能实施完整的行动决策。所以智能体能独立为人们提供服务。

三、智能体组织

智能体 Agent 主要有两种组织形式:第一种是专业智能体,协助人做好专项业务,如设计的智能体、营销的智能体、专项为人服务的智能体;第二种是智能代理,智能代理是个人专属的智能助理,为个人提供专属服务。

现在智能体已经进入商店,就像 APP store 软件商店,开发者把软件放在商店里供大家自行使用。Open AI 公司也建立了 GPT 商店,是 AI 大模型的商店,开发大智能体放在商店里出售或租赁。如美国的面壁智能公司发布全球首个"大模型 +agent"的平台,平台上有 800 多个具有特定技能的智能体,包括设计师、销售代表、开发经理、产品经理、测试专员、监督专员、咨询顾问等,通过出售或者是租赁来为用户服务。智能体 Agent 已经具有社会功能,能够互相学习交流,协同组织,不断进化。斯坦福大学做了一个试验,组织 25 个智能体 Agent 社区,智能体之间互相学习、互相交流、互相赋能,具有很好的协作能力。智能体已经具有社会性质，这是新的发展的趋势。

四、智能体的应用

智能体 Agent 已经应用于多个领域，举三个案例。

一是柔性制造，智能体 Agent 应用于柔性制造系统，可以实现生产线的自动化和个性化，高度适用于智能制造。

二是软件开发，智能体 Agent 应用于软件开发，可以实现代码的自动生成、优化和测试等功能，提高软件开发的效率和质量。软件开发现在主要靠专业人员，效率比较低，质量并不能够保持一致性。如果用智能体，效率可以大幅提高，质量一致性能得到保证。

三是交通控制，智能体 Agent 应用于交通信号灯的控制、车辆导航和行驶控制等，可以提高交通系统的效率与安全，提升自动驾驶和无人驾驶的水平。现在的自动驾驶和无人驾驶，靠专用人工智能可提供的能力是有限的，关键识别能力不够。智能体应用在自动驾驶和无人驾驶领域，能提高驾驶的正确性，特别是提高安全性，作用十分明显。

第十二讲　数字经济

数字经济是数字化的新经济，围绕数字经济主要讲四个方面。

一、数字经济的由来

2008 年，一场金融危机爆发，引发了全球范围内的经济崩溃，对世界各国的金融体系和实体经济造成了巨大冲击。2007 年是全球经济发展的转折点，其增长率达到了最高点，中国的经济在当年达到了 8% 的增长率，以后的增长率都没有达到这个水平，说明经济发展在当时到了一个转折点。为了经济增长点的再次出现，全球各国都在研究新的经济发展方向，经过几年的努力，2016 年全球各国形成了一个共识，2016 年 5 月份在中国杭州召开的 G20 全球发展峰会上，各国政要统一将全球经济未来发展的方向确定为数字经济，发展数字经济成为历史的必然。

二、数字经济的特征

对于数字经济的特征有多种表述，但归纳起来主要有三条：第一，数字经济以数据为关键要素，这是数字经济的基石，数字化也是数据、数字建立的；第二，数字经济以人工智能为主导技术，发展数字经济离不开人工智能，AI 在数字经济中起主导性作用；第三，数字经济以智能化为核心目标，实现智能化是目前社会发展的必然结果，因此智能化是数字经济的根本目标。所以这三个特征，数据为关键要素，人工智能为主导技术，智能化为核心目标，代表数字经济最本质的特征。

三、数字经济的基本任务

数字经济的基本任务就是实现"两化"，即数字产业化，产业数字化。

第一，数字产业化就是发展数字产业。一是数字硬件产业，如芯片、机器人、传感器、无人机等。二是数字软件产业，主要是智能软件、风控软件、高级的算法等。三是数字服务业，是最大的数字产业，包括数据服务业，数据服务是很长的产业链，包括云计算服务、区块链服务、大模型服务等，每个领域的产业规模都要达到万亿级的水平。

第二，产业数字化，现在数字经济已经渗透到各个行业，包括农业、工业、服务业、制造业等。农业数字化渗透率为 10% 左右，工业数字化渗透率为 24% 左右，服务业数字化渗透率为 40% 左右，未来发展的空间还有很大。

制造业的数字化渗透最多，大体上分成六大模块。

一是产品数字化。制造业产品大多是功能产品，要把功能产品上升为智能产品，使附加值提高，就离不开数字化，现在已出现许多智能产品。

二是开发设计数字化。以前开发设计都是通过实物来试错，费时费力费成本，现在要用数据来试错，通过数据设计、数据开发、数据模型等成功后再进入实物，这样不仅提高了效率，成本也大大减少了。

三是供应链数字化。主体企业数字化能带动企业上下游配套企业数字化，形成供应链数字化，供应链协同数字化使库存大幅度减少，效率大幅度提高，成本也相应减少。

四是生产数字化。生产数字化不仅能提高效率，更重要的是能实现个性化生产、实现定制化生产，这才是生产数字化的真正效果。

五是营销数字化。企业营销不是简单推销，要应用数据来匹配营销，通过数字分析来给客户画像，用算法匹配，满足客户需求，实现精准营销。

六是营运服务数字化。运营服务也逐渐数字化，现在好多服务应用数字人，远程维护应用云平台。如上海有家锅炉企业，已经为中小企业提供 6000 台锅炉，锅炉操作很复杂而且有安全问题，6000 台锅炉实施统一管理，通过云平台数字化运营。企业中每一个场景都可以数字化，关键是将专业技术与数字技术相互融合，通过融合得到一个智能化解决方案，使每个场景实现数字化。

现在企业数字化已经逐步走向产业链数字化，全流程全方位数字化，这里面最关键的是要把数据流打通，由数据流来主导业务流，业务流来主导实物流，实物流来主导资金流，实现四流一体化闭环。

四、数字经济的价值

数字经济极大释放数字红利。按照联合国跟世界银行专家的研究，当数字化水平整体达到 75% 以上后，在现有资产基础上价值创造能再翻 3 ~ 5 倍。也就是说一个经济体、一个国家、一个地区、一个企业，数字化水平超过 75% 以后，不用增加投资，价值创造能达到现有水平的 3 ~ 5 倍。为什么能够实现这样高的价值呢？主要原因是传统企业有四大价值障碍，即"四个不"：一是不连接，互相之间设备与设备不连接，部门与部门不连接，企业与客户不连接，各方面数据打不通；二是不协同，部门与部门之间都是摩擦的，与供应商是博弈的；三是不匹配，产能中各环节互相之间不匹配，产能决定于最短的一块板；四是不及时，好多都是产生了问题才知道无法提前规避和处理。由于这"四个不"，使传统企业很多价值无法实现，更有的不创造价值，甚至消耗价值。

数字化还有"四个优"：其一精准化，因为数字是精准的，客户是精准的，原料消耗是精准的，能源使用是精准的，故精准化产生大价值；其二高效化，因为计算机速度快，效率就大大提高；其三协同化，通过网络能将各个方面协同起来；其四预判化，通过数据分析能及早发现问题，减少损失。

数字化的"四个优势"使得企业价值能够得到释放，"四个优"解决了"四个不"存在的问题，企业的数字化红利得到了充分发挥。数字化的投入产出也是很高的，投入产出比最高能够达到1：6.7，也就是投资1块钱可以有6块7毛钱的产出，现在普通的投资大概是投资1块钱只有4毛钱的产出，所以投入产出比是很高的。因为数字化有一个数据积累的过程，数据没有积累到一定程度，其效果确实不太明显，等到数据积累到一定程度，超过一个阈值后，其效应将呈指数级增长，最终投入产出的效果相当可观，因此企业应尽早开始数字化。

第十三讲 电子商务

电子商务是以信息网络技术为手段，以商品交换为中心的商务活动，围绕电子商务这个主题讲四个方面。

一、电子商务的发展

电子商务起步比较早，但中国电商真正迎来发展的是在 2003 年。这一年，非典疫情突发，为电子商务的发展创造了契机，倒逼着淘宝、京东等电商平台去探索新的路径。

最初的电子商务实际上是网络营销，是一种营销的方式，如在淘宝上开一个网店。后来发展到了专业电子商务，如社区电子商务，专门在社区里做电子商务；社交电子商务，专门在社交朋友圈做电子商务；自媒体电子商务，通过主播直播进行商务交易；还有人工智能 AI 电子商务、元宇宙电子商务等。又发展跨境电子商务，通过电子商务做进出口贸易，电子商务一方面解决了地区、时间限制商品交易，另一方面带动了支付行业、物流行业、快递行业的发展，衍生出一个电子商务的产业生态。

二、电子商务的特征

电子商务的形式有多种多样，其中基本的特征有两个。

第一个特征就是数据驱动业务，由数据流来驱动业务流，业务流来启动实物流，实物流来启动资金流，实现四流一体化。以往是通过人来驱动商务，现在通过数据来驱动商务，特别新零售人、货、场都是数字化，由数据流来推动人、货、场一体化的发展。

第二个特征就是线上线下一体化，即O2O，上面是Online，下面是Offline。电子商务是将业务上线，在线上进行交易，在线下来实现，线上与线下闭环运营。

三、运营客户流量

传统商务是以企业为中心，企业中每100件事情，80%是为企业自身服务的，只有20%是为客户服务的。电子商务的核心是以客户为中心，即C2B。C是Custom，B是Business，电子商务多为客户服务。

电子商务的关键是经营客户。一要建立客户流量池，把客户特别是客户的数据积累起来，直接积累在私域流量中，也可以从公域平台上把流量迁移至私域中，建立客户流量池，这是企业最重要的资源；二要经营客户流量，通过自媒体不断与客户互动，使客户建立黏性，甚至成为永久客户；三要对客户数据进行分析，满足客户需求，还可要求客户参与企业的经营活动，得到更好的体验，满足客户的潜在需求。

电子商务营销是运营客户，客户体验是首要的，先有体验，后有交易。体验在交易之前，体验高于交易，体验后将客户的潜在需求挖掘出来，满足他的需求来提高交易频率。例如，某电子商务公司主要做颗粒肥料，这种颗粒肥料用于家庭阳台上种花种菜，公司将肥料送给各个家庭，发现有的客户不光要肥料，还需要种子，就提供种子来满足客户的需求；有的不懂栽培技术，就培训栽培技术，帮助种花种菜；有的需要栽培的工具，就提供工具。这样为客户提供种花种菜问题的整体方案，就是运营客户。

四、智能电子商务

AI 智能电子商务是电子商务发展的新趋势，它通过智能化的技术和算法，提升用户体验、增强营销能力、改进供应链管理和保障交易安全。主要有三个特点：一是通过大模型优化电子商务的营销方案，大模型帮助用户整体策划并不断优化；二是运用人工智能 AI 数据分析运营新老客户，一方面 AI 通过深化数据分析，精准把握老客户的需求，另一方面 AI 通过全网搜索，帮助公司匹配潜在的新客户；三是在元宇宙中，嵌入公司人工智能 AI 产品，为客户带来更真实、更亲切的互动体验。元宇宙里搞电子商务，不光是交易商品，可以增加很多场景进行社交，可以在元宇宙培训，还可以在元宇宙里做游戏，增加了客户体验性，使交易变得更加有趣，也更有成效。

第十四讲　元宇宙

元宇宙是人类数字化生存的高级形态，这里主要讲四个方面。

一、元宇宙的本质

数字化的最终发展是从实体世界走向数字世界，实现数实融合的元宇宙。元宇宙既不是虚拟世界，又不是平行宇宙，而是数字与实体相互融合的全新时空。如果以一个公式表达，元宇宙就等于"数字世界"×"实际世界"。这里是乘不是加，"乘"是融合，"加"是并列的，所以用数字世界乘实体世界，真正融合起来的新时空。在这个时空中数字交互、以数强实，以实体为基础，以数字为主导。

元宇宙对实体有两大作用：第一是赋能，元宇宙通过数字技术使实体的价值倍增，起到赋能作用；第二是升维，所谓升维就是到更高的维度上来发展，元宇宙是更高维的，实体空间是三维的，元宇宙在三维基础上叠加一个数字空间，上升到一个更高的维度。升维作用是很大的，如德国有个汽车明星企业，它要建世界最一流的汽车生产线，建设需要人才，后来从美国找到一流的科学家，从日本找到一流的工程师，从欧洲找到一流的专家人才，可这些人都是大忙人，不可能在同一个地方工作。怎么办呢？采取元宇宙技术，给这些人才每个人都建立一个数字化身，数字化身可以在元宇宙空间聚集在一起，经过多次在元宇宙里研究讨论，终于建成最一流的汽车生产线。

二、元宇宙技术体系

元宇宙是新技术的大集成，主要有人工智能技术、区块链技术、数字空间技术、空间计算技术、数字交互技术等。元宇宙是 Web3.0 基础架构，在 Web3.0 中，每个人产生的数据和数字内容都是属于个人所有，实现数字主权。Web3.0 是真正以用户为中心，实现了等价的价值交换，体现了元宇宙的核心价值。通常用户产生的数据以及数字产品不是用户的，都是平台的，如在抖音发布视频，这个数字产品的产权是抖音的。在元宇宙里就不一样了，通过 Web3.0 架构，用户产生的数据与数据产品产权属于用户，可以与人交换，还可以变现，这样数字主权问题就解决了。

三、元宇宙经济体系

元宇宙的经济体系包括三个方面：一是内容创造，元宇宙以创造为本，创造驱动一切。元宇宙的内容创造有两个主体，一个是用户创造内容即 UGC，一个是人工智能创造内容即 AIGC；二是数字资产，元宇宙中全部是数字资产，数字货币是数字资产的重要载体，代表性的数字货币有比特币、以太坊等，数字资产在元宇宙中不断交易增值；三是实现价值，元宇宙由经济体系实现价值，主要形式是 NFT，NFT 为非同质的数字资产、数字资产的凭证，通过发布 NFT 实施数字资产的确权、收藏、流通和交易，从而实现数字资产的价值，在元宇宙中 NFT 就是数字资产的上市。元宇宙经济体系主要是把数字内容变成数字资产，把数字资产变成价值。

四、元宇宙的社会体系

元宇宙的社会体系有三个组成。

一是数字化身。每个人进元宇宙都要建立自己的数字化身，这是元宇宙中的数字身份证，数字化身是数字孪生，将信息克隆成数字化身。进入元宇宙的交互工具主要是 VR、AR、XR。

二是数字社区。元宇宙的组织形式是数字社区即 DAO。DAO 是按照某种目的组成的自由人联合体，也是数字化身的联合体。DAO 可以是几个人也可以是几十个人，甚至是上千个人。根据某种目的组成的 DAO，有营销的 DAO、设计的 DAO、生产的 DAO。DAO 是新的机制实施"四共": 其一自由共生, 在元宇宙中自由组织、共同生存; 其二内容共创, 元宇宙主要是内容创造, 大家共创内容; 其三价值共享, 在元宇宙中产生的价值由大家来共享: 其四社区自治, 数字社区由大家来自治, 一人一票, 按照投票方式进行治理。所以 DAO 是新型数字化的社区, 每个人都是贡献者, 都是创造者。

三是数字人。元宇宙里面有两类人: 一类是个体的数字化身, 一类是数字人, 数字人是人工智能生成的, 这两类人在元宇宙中共同创造财富。如某个数字社区 DAO 有 100 多人, 大家共同出资 100 万美元投资到海南一个农场, 这个农场是种芒果的, 芒果园由大家共同策划, 产生的成果先分配给 DAO 里每个人, 大家的本金拿到了, 以后的经营收入是共同创造共同分享。

第十五讲　新范式

　　新范式是知识创新的范式，围绕这个新范式主要讲三个方面。

一、传统范式

　　人类知识创新的范式是不断发展的，传统的知识创新有三种范式：第一是理论思维。通过理论思维来发现规律，如牛顿发现了三大定理、万有引力，爱因斯坦发现相对论，都是通过理论思维来发现规律的；第二是科学实验。通过做实验来发明创造，比如爱迪生、居里夫人这些科学家，爱迪生发明了电，包括电灯电话等，居里夫人发现了放射性元素，如放射性元素镭；第三是经验模拟。通过对历史的经验、对自己的经验以及其他人的经验进行模拟，实现技术的创新，这是现在普遍采用的一种方式，通过模拟发现新的知识。

　　这三种知识创新的范式共同的特点都是基于人来进行知识创新的。

二、新范式变革

知识创新范式是人工智能来实现创新，用英文讲即"AI for science"。最近国家科技部提倡用人工智能来进行科学的发明创造，这一种新的范式，它不是由人类个体来创造知识，而是由人工智能 AI 或者人与人工智能合作来创造知识，这是新范式的最大区别，成为最重大的变革。

人工智能 AI 带来三大转变：第一，从实物试错转向数字试错。通常研发、设计、新产品试制都是用实物来试错，现在用数字来试错，两个试错结果不一样，实物试错成本高、周期长、一致性差，而数字试错能大大节约成本，缩短周期，提高质量的一致性；第二，从人工创新转向机器创新。靠人工经验创新局限性大，不可能是最优的，而机器用数字来创新自主生成智能，不断迭代优化；第三，从个性智能转向群体智能。传统是个体的智慧，而人工智能大模型是群体的智慧，远远超过任何个体及团队的能力，人工智能大模型是人类知识创新的革命性变革。

三、新范式应用

人工智能新范式已经应用于各行各业的知识创新。

案例一：人工智能试剂新药。现在新药试剂的成本很高，大体上一种新药需要 1 亿美元，约 10 年的周期，这是因为传统办法用实物来试验新药。现在要用数据试错来研制新药，通过数据建立模型来试错，成本大大降低。数据建模方式是将上亿的大分子组织成数字新药，然后在数字病人上试验，根据数字病人的反应，不断修改模型，进行迭代优化，最后把新药研制出来并在人身上验证，如果人没有问题，新药就研制成功了。

人工智能新范式制药有三个优势：一是成本低，大体上是原来成本的 1/3 左右；二是周期短，也是原来周期的 1/3 左右；三是精准度高，药品质量高，基本能达到预期效果。

案例二：人工智能设计大型机场。北京大兴机场是国际现代化的大机场，大兴机场设计过程中，先进行数字模型的设计，这个数字模型是地上地下、室内室外、建设与环境系统数字化。数字模型设计会征求三方面的意见，一是征求客户的意见，二是听取专家的意见，三是听取领导的意见。通过采取多方意见后的几十次迭代，最后大家都认为好的设计方案就定下来。正式建设大兴机场时，建设成本大大减少了，建设周期也大幅缩短了，质量也大大优化了。

新的范式是人与人工智能合作创新实施的。

第十六讲　知识大脑

知识大脑是最重要的智能技术底座，围绕知识大脑主要讲三个方面。

一、知识大脑的构建

企业与人体是一样的，由大脑与身体构成的，现在许多企业的身体很好，引进的好设备、新建的大厂房，但企业的"大脑智商"偏小，大脑与身体不匹配。为此，建设好企业的"知识大脑"已经成为关键。企业大脑里的知识是很丰富的，主要包括两方面：一是海量数据，企业每时每刻都产生大量数据，设备的数据、人的数据，还有技术专利等；二是大量经验，工作经验、操作经验、管理经验等。大量知识处于碎片化分散的状态，应该集中起来建设企业"知识大脑"，这是最宝贵的数字资产。

二、知识大脑的作用

建立知识大脑的核心作用是共享，可实施三个共享：一是领导团队共享，通过知识大脑帮助领导搞好科学决策和发展预测；二是专业人员共享，专业人员仅有自己专业方面的资源，对其他部门资源不了解，知识大脑可以共享其他部门的资源，更好地提升专业人员的工作水平；三是企业员工共享，通过知识大脑使普通员工能够达到企业知识的平均水平。特别是新招收员工，通过知识大脑可以迅速学习到企业中的所有知识，加速了其成长过程。如某大型钢铁企业，第一台高炉运行已经50年了，有位老工人从进厂建高炉开始就参与了，在50年中他是高炉的建设者、操作者，对高炉的建设与运行了如指掌，他退休后高炉由新的年轻工人来操作，由于不熟悉这台高炉，所以经常产生问题甚至发生风险。厂领导亲自去请已退休的老工人把操作高炉几十年的经验写下来，老工人前前后后加起来总共写了9本笔记资料，这些资料进入企业的知识大脑后，年轻工人一下子就掌握了，这充分体现了知识大脑的作用。

三、经营数字资产

知识大脑是企业最宝贵的数字资产，数字资产从三个方面经营：其一知识大脑中的海量知识，为企业数字化提供重要"原料"，特别是为企业大模型建设积累核心素材，企业要建专属大模型，这是最好的微调素材；其二知识大脑作为数字资产具有重大价值，数字资产是不断增值的，而

且越用增值越大。未来企业的数字资产大于实物资产，许多实物资产也要数字化。数字资产通过运营来确权、流通、交易，最后能够变现，数字资产越来越重要；其三根据财政部的最新规定，数字资产能够进入到企业的资产负债表，增加企业的净资产。这对于知识密集型与数字密集型的企业是重大的利好，有利于增加轻资产企业的信贷规模与市场估值。原来轻资产企业特别是科技企业，没有房产，没有设备，固定资产是很少的，没有固定资产抵押银行不愿意贷款。现在把数字资产变成新的资产，同样可以抵押得到贷款。数字资产没有进入资产负债表，资本市场是不承认的，现在进表以后，企业净值资产增加，提高市场估值，对于企业的上市价格也高了。

第十七讲 数字化人才

数字化人才是数字化的关键所在，围绕数字化人才主要讲五个方面。

一、人才是关键

数字化发展的关键是人才，数字化转型升级首先是人的转型升级，解决数字化人才不是单纯地引进几个专业人才，而是全部人员的数字转型升级。

如常州某电力服务公司，主要搞变电服务，新冠疫情放开后，就到欧洲、美洲去招商，去了发现三年间变化很大，许多跨国企业特别是世界 500 强企业的产业链进入要求提高了，以往对供应商的评审主要包括三个方面：一是质量要好，二是交货期要快，三是价格要适中。现在提出企业的数字化能力要与跨国公司相匹配，并且对数字化能力要进行考核，考核不仅要提供材料还要对人进行考试，主要考三个人，任意抽一个领导、一个中层干部、一个员工，如果考试合格了，说明企业的数字化能力与其能够匹配，就能进入跨国公司产业链。

二、领导数字化

人的数字化转型升级，首先是领导的数字化。领导数字化不是要领导掌握所有的数字技术，而是领导要具有数字思维，核心是提高数商。人有智商有情商，现在要增加"数商"。"数商"是数据素养，是指一个人对数据的认识、理解、应用及效果程度的综合评价。

数字化有三个层次：第一个层次是数字理念；第二个层次是数字机制；第三个层次是数字技术。在三个层次中，数字理念始终是第一位的，所以要求人具有数字理念是合情合理的。

三、复合型人才

企业想要数字化，业务骨干的数字化转型升级尤其重要。在人工智能 AI 的大面积应用环境下，业务骨干必须将自己的专业技术与人工智能 AI 的技术相结合，努力使自己成为复合型的人才。

成为复合型人才，掌握通用人工智能大模型应用能力十分重要，主要是掌握以下三个方面的能力。

第一，大模型的提示能力。用好大模型关键要学会提问，大模型的提示能力十分重要。有个大学生，运用大模型提示能力比较强，每次使用他能够得到比较好的结果，其他的学生提示能力运用得比较差，得不到好的结果，这个大学生讲你们把想法告诉我，我来帮你们提问，然后把结论告诉你们，通过这项操作这个大学生一个月就赚到很多钱。

大模型提示能力运用要掌握六条原则：一是目的，首先将目的讲清楚，你到底要什么；二是需求，讲清楚实现目的基本要求；三是示范，用思维链示范引导，一步一步回答；四是简化，将复杂问题分解为小问题，一个一个小问题回答；五是反复问，每一次提问都是一次反馈，对大模型的训练和优化，所以你可以反复提问；六是身份，明确身份将有不同的回答。

第二，小场景微调能力。基础大模型主要在宏观上解决问题，如果是行业性的问题，要通过微调建立行业大模型；如果是场景中的问题，要将场景中的特征数据进行微调，大模型微调才能精准化。运用小场景中的特征数据来训练大模型，这是一种重要能力。

第三，人机协作能力。人机协作是核心能力，在大部分情况下都是人与机器协作共同创造价值。人机协作是"二八原理"：80%的基础智能由机器来完成，20%的核心智能由人来完成。主要靠人的想象力和创造力，人有好的创意，机器来实现创意。

学习和提升大模型的应用能力要成为标配，每个业务骨干都要建立三个核心能力。

四、数字化的员工

普通员工也要数字化。每个员工都要从劳务型员工升级为数字化员工。人工智能正在替代重复性、机械性、简单化的工作岗位，但人工智能又能创造许多新的工作岗位。平均代替 1 个工作岗位，又会产生 2.6 个新岗位，为了不被下岗，要转岗培训。企业人事部发布 100 个新的工作岗位，里面有 90 个可能都是数字化的岗位，这就要很多员工进行转化培训。有个案例，苏州某企业是国家工信部的智能制造示范企业。有次领导去参观，看到车间里每一个员工都在玩手机，车间主任说手机是工作手机，是厂里发给大家工作用的。在机器旁边，一个员工正在把传感器上的数据采集到手机上，然后识别数据，再将数据上传到 App 里面去，实现设备的智能化。这样，原来是劳务员工现在变成数字化员工了，主要任务不是操作机器，而是操作数据，包括识别数据、采集数据、使用数据，这就是转岗培训的重要性。

五、数字化专业人才

数字专业人才缺口巨大，AI 工程师更是"香饽饽"，特别是 AI 博士，年薪高达上百万元，还要给股份。在美国的硅谷最缺的是三种人：第一是大模型提示工程师；第二是大模型训练工程师；第三是人工智能架构工程师。这三种工程师年薪都在百万美元。

　　高等院校要抓紧培养数字化的人才，特别是数字化的高级人才，以满足社会的迫切需求。每一个企业都有可能需要建立专门的数字化机构，设立首席数据官即CDO，还有数字总监，未来的商业布局中，数字化专业人才将起到关键作用，数字人才是重中之重。

第十八讲　智能经济

智能经济是数字经济的高级阶段，围绕智能经济主要讲两个方面。

一、智能经济规模

智能经济的规模非常大，根据麦肯锡研究院通过研究预测，如果 300 年来工业经济的规模为 1，那么智能经济的规模为 300，也就是说智能经济规模是工业经济规模的 300 倍，这个概念足见智能经济发展前景十分广阔。同时智能时代的社会影响力是工业时代社会影响力的 3000 倍，影响力变更大了。

二、智能经济构成

一是智能产业化。智能产业，主要包括智能硬件业，如芯片；智能软件业，如高级算法；智能服务业。每一个细分领域的产业规模都要达到万亿级水平。根据预测分析，到 2030 年全球的智能产业规模将达到 52 万亿美元，其中最具有发展前景的智能产业有算力芯片、人形机器人、类脑智能等，这些都是附加值最高的智能产业。

二是产业智能化。现在所有产业都要向智能化发展，每个产业的潜在价值都很大，想要挖掘这些潜在价值，必须有新的工具，这就是人工智能技术。

人工智能技术有四大优势：第一是精准化。通过数据分析从最深层次洞察本质，精准化挖掘潜在价值；第二是高效化。人工智能是用计算机来计算的，效率大大提高；第三是协同化。人工智能用互联网来互联互通的，实现网络协同；第四是预判化，预先判断存在的问题，解决问题在先。这四大优势把企业的价值转化为现实的价值。

三是双重财富。在数字世界中，财富的创造一般是双重的。所谓双重财富：一是由自然人创造财富，包括自然人本身以及其数字化身；二是由 AI 创造价值，包括数字人和机器人，未来将成为创造财富的主体。数字人与机器人是能够无限复制的，且有三大优势，一是成本低，一般营运成本是人力营运成本的几十分之一；二是效率高，效率不是人能比的，人需要几天几小时，AI 只需几秒钟几分钟就能解决；三是质量好，人工智能应用算法是一丝不苟的，一定能够确保质量。

这种"双重财富"的创造主要在元宇宙空间，从人的角度来讲，数字化身、数字人都是到元宇宙里去活动的，这两种是活动的主体；从物的角度来讲，元宇宙生成的是数

字资产、数字产品，大量的实物资源和资产都向元宇宙里面转移。由于元宇宙中产生财富的双重效应，有人预测到2030年全球新增 GDP 的 80% 是在元宇宙里面实现的，产生巨大的新财富。

第十九讲 数字化改革

数字化改革要形成数字化的新机制，围绕数字化改革主要谈四个方面。

一、数字化转型升级

数字化的转型升级不是单纯地靠技术能够解决的，关键在于创新机制和体制，既要解放生产力，也要优化生产关系，制度创新比机制创新更为重要。浙江省将数字化转型升级上升为数字化改革，这是很大的创新。通过改革机制与体制来创造新的动力，新的动能，推动加快数字化转型升级。数字化转型升级有"三个不"：一是不懂转，好多人不懂数字化转型；二是不想转，许多人认为没有转的必要；三是不会转，不少人不会转。"三个不"是机制体制问题，必须通过机制体制的创新来解决数字化的动力，增加数字化转型升级的积极性和创造性。

二、创造新机制

数字化要创造新的机制，改变经济的发展方式、产业的组织方式和企业的生产方式。数字化起什么作用，主要是改变方式作用。这些方式的创新都需要试错，因为创新的本质就是试错，因此要建立试错、容错、纠错的机制。数字化在发展中总会产生许多问题，这就需要过程。如操作上有个过程，不是技术不行而是不会操作，所以训练很重要。数据也要有积累的过程，开始时数据比较少，一下子看不到效果，当数据积累到超过一定程度其效益才真正能体现出来，特别是过了拐点以后，效益就会呈指数级增长，这些最开始都需要通过机制创新来解决。

三、组织新体制

数字化转型升级势必要改革组织体系，传统体制是金字塔形，主要功能是控制管理。在传统企业中，一层一层汇报，一层一层下达指令，主要靠控制和管理。数字化体制不是金字塔式，而是扁平化平台，主要为"大平台"+"小团组"，其功能是赋能服务，赋能小团组，赋能权力，赋能职能，赋能资源，赋能能力，同时组织公共服务，协调各方关系。

小团组由员工自由组团，直接面向客户经营业务，根据贡献来共享经营成果。"海尔电器"就是个典型案例，它组织了新的数字化模式叫"人单合一"，人是员工，单是订单。人单合一把海尔的几万个员工组成了几千个小团组，一般情况下每一个小团组大概 7-8 个人，最多不超过 10 个人。每一个小团组自己定目标，自己找客户，直接面向客户，直接取得经营成果，直接分享经营成果，小团组的活力是很强的。

企业大平台主要做两件事：一是对小团组赋予资源与权利；二是整体协同，共同发展。

四、监管新方式

强化监管，不是简单强调从严监管、加重责罚，重点在于监管转型，实质在于监管创新，通过监管转型和创新切实改进监管。对于数字化的监管要有创新方式，不能沿用传统经济的监管方式监管人工智能 AI。一是监管要有利于创新，对新技术的监管应审慎，给予试错的机会，遇到问题不是"堵"而是要"疏"，通过梳理问题找到解决问题的办法，通过创新思路解决发展中的问题；二是监管要有弹性，不能是刚性的。监管要分级分类，不能一刀切，不能用一种办法，要从实际出发，不是从本本出发，实事求是来处理问题、解决问题才是有效的；三是监管要科学化，充分利用大数据技术创新监管方式，用新科技来解决创新中的问题，特别要用数字新技术效果就更好。监管方式的变革，是数字化改革中的关键环节。

第二十讲　硅基生命

硅基生命是人工智能生成的新物种，围绕硅基生命主要谈四个方面。

一、硅基生命

人类是碳基生命，由碳元素不断进化而成，硅基生命是由硅元素组成的人工智能而成，两者都具有智能。硅基与碳基有所不同，硅元素与碳元素相比有两个优势：一是硅元素连接能力比碳元素强，可以连接其他元素；二是硅元素与其他元素交互能力比碳强，所以硅基与碳基相比有更多的优势。单纯的人类个体智能是有限的，单纯的人工智能也有局限性的，现在将硅基智能与碳基智能融合发展。这里涉及一个公式"HI × AI=IA"，HI 是人类智能，AI 是人工智能，中间不是加而是乘，乘是相互融合的，两个智能融合起来成为 IA，IA 就是超级智能。

硅基生命是人类生命的数字化，有两种形式：一种是"人脑＋电脑"用脑机接口技术来实现，使两者融合起来；一种是专属数字人，由人的数字化身叠加人的思想意识，使数字人有了"灵魂"，人类生命的数字化是通过这两种方式来实现的。

二、人类的进化

人类进化是通过基因来进化的，这是一个漫长的过程，进化的时间比较长、比较慢。硅基生命的进化是通过程序编码来进化的，只要程序优化了也就进化了，这种进化初始阶段是比较慢的，随着人工智能的加速迭代，其进化的速度越来越快。当今自然与社会的变化是加速度的，人类基因的变化速度如果跟不上环境变化的速度，就会导致距离越来越大，这对人类进化是一个很大的挑战。硅基生命接受了人类上万年的知识，经过加工产生越来越多的新知识，反过来赋能人类的进化，使人类的智能更加适应于环境的变化，从而加快了进化的进程，所以人类的进化有赖于硅基的赋能。

三、人类走向太空

人类的共同理想是走向太空。由于人类是肉体组成，无法飞向宇宙太空，因为缺乏超高速的交通工具，人类带着肉体没有办法走向宇宙空间。人类生命如果实现数字化，就能如量子一样在宇宙太空中自由飞行，数字形态的生命才是人类走向宇宙空间的必然之路。根据科学家分析，宇

宙中的高级生命都是数字形态的生命。

四、人类实现永生

在元宇宙中，数字化生命是永恒的，现在有大量的数字化生命已经出现。如"数字京剧大师梅兰芳"，将梅兰芳过去的视频、音频等大量素材数字化，就呈现一个数字梅兰芳，可以与梅兰芳对话，可以与梅兰芳学习唱京戏，这个就是梅兰芳永生的数字形态。又如数字苏东坡，苏东坡是大家都很喜爱的，将苏东坡的诗词和文章叠加到他的数字化身中间去，就呈现一个数字苏东坡，可以与他一起对话，与他一起喝酒，与他一起创作诗词。随着人工智能的深入发展，数字化生命将越来越多，实现人类走向永生。

第三部分
案例点评

数字化案例十分重要，对学习体验起到关键作用，在此 40 个应用案例都是精心选择的，同时对案例进行分析点评，以利加深理解。

案例一　数字决策

江苏五星集团召开会议专门研究一个重要议题，这个议题是：影响顾客购买商品的第一要素是什么？

集团的中层干部围绕这一课题进行了讨论，提出了三条意见：有人认为是质量，质量好是第一要素；有人认为是价格，价格低是第一要素；有人认为是新品，产品新是第一要素。

集团领导认为这些意见都是大家凭自己的主观经验做出的判断，所以不认同。后来集团领导采取对顾客进行问卷调查的方式征集意见，设计的问卷有 10 个问答题，请顾客来选择。第二天就把问卷任务下发到各个门店，凡是进来的顾客，每个人都发一张问卷，最后问卷回收了 3000 多份。通过大数据分析得到了一个结论，出乎人们的意料，影响顾客购买商品的第一因素既不是质量，也不是价格，更不是新品，而是接待顾客的服务员态度。最后公司上下达成共识，一致认为服务员态度成为影响顾客购买意愿的第一要素，所以决定好好培训服务员态度。通过大数据分析，充分体现了数据决策的科学性。

案例点评：科学决策的关键在于主观与客观相符合，主客观一致决策方能正确。

经验决策有三个问题：一是经验是主观的，而且仅仅是个体的局部经验，它的局限性是比较大的；二是经验是以往的知识，不能适应已经变化的当前情况；三是经验是定性的总结。数字决策有三大优势：一是数据是客观实际的反映；二是数据是即时的、动态的；三是数据是定量的描述。

通过两者对比分析可以得出两个结论：第一，数据来自客观现实，是客观性的，具有科学性；第二，数据比经验更加重要、更加可靠。

案例二　相信数据

　　某一家公司经营泳衣业务，有天公司领导突然想到一个问题：泳衣，特别是女士泳衣，在哪些地方好卖？

　　领导想了两种方式来咨询，第一种方式是向朋友直接咨询，一些朋友凭自己以往的经验，认为广东、海南等地区比较好卖，因为这些地方天气热，人也比较开放，购买泳衣必然更多。第二种方式是向网站进行咨询，网站对最近10年购买泳衣的数据进行分析，得出的结论出乎人们的意料，卖泳衣最好的地方既不是广东，也不是海南，而是新疆与内蒙古。究其原因主要是新疆与内蒙古气候比较干燥，离海又比较远，出于对海的向往，人们无法去海边游玩，只能通过买泳衣慰藉心灵。

　　案例点评：大数据分析与经验判断的结论是不一样的，有时候应该相信数据是正确的，这是对数据的理解问题，要提高人的"数商"。"数商"，是对数字的理解，确立"数字价值观"，提高"数字素养"，特别是领导更需要。在认知上解决"数商"要从两个方面来考虑：第一数字是客观的，经验是主观的，主观应该与客观相一致，凭经验往往主观与客观是不相一致的。第二数字是定量的，经验是定性的，没有定量分析，单凭主观判断是不可靠的。那么关于定性，要把定性判断上升到定量分析，就能更精准地决策。现代决策对于数据的要求越来越高，数据能够穿透复杂问题，能够随变化的环境应变，但是经验并不是一点都没用，在实际检查过程中，我们要把数据与经验相结合，共同分析，这样使决策更加科学可靠。

案例三　两个一切

南京钢铁集团是老钢铁生产基地。近几年南钢开创了数字化转型新征程，南钢的数字化理念是"两个一切"，就是"一切业务数字化，一切数字业务化"。首先将所有业务用数据来表达，然后将数据进行整合建模，产生优化价值以后，再反馈到业务中间去，使业务实现新的价值，形成一个闭环。

在实施过程中，南钢主要建立两个架构：第一个架构叫"C2M"，就是客户主导企业，企业生产要以客户为中心，由订单来驱动企业生产。公司建立收入供应链，将客户的定制化订单，通过数据流通到供应链的各个环节组织生产，形成"C2M+数字供应链"；第二个架构是"工业互联网＋数据治理"，生产经营由智能决策和智能制造，实施全方位业务的数据治理。数据治理在营运中不断迭代优化，通过工业互联网，将整个生产经营在云平台上运营。为此南钢专门建立IT公司，从事数字化转型服务，这个公司不仅为南钢本企业服务，同时又为供应链上下的所有企业服务，也向社会提供数字化服务。所以南钢的数字化转型成果在行业中名列前茅，南钢钢铁生产规模不是最大但近几年生产增长率是数一数二的，经济效益也是数一数二的，取得了实实在在的成效。

> **案例点评**：南钢数字化转型的核心理念是"两个一切"，即"一切业务数字化，一切数字业务化"，应用数据来驱动业务。所有业务都是表层现象，底层结构都是数字，所以用数字来驱动业务，就是底层思维，从根本上来解决问题。因为数字有极强穿透性，可以洞察复杂的情况，又因为数字有极易变动性，可以适应任何变化，数据积累到一定的程度就会突破拐点，实现指数级增长，南钢的实践充分证明了这个规律。

案例四　软件定义

　　特斯拉公司（Tesla Inc.）是美国一家产销电动车的公司，是生产电动汽车最早启动者，现在是全球数一数二的电动汽车制造商。它以新能源为基础，其核心是智能，以软件来定义汽车。智能突出在两大方面：一是围绕车的智能，实施自动驾驶最终发展到无人驾驶；二是围绕人的智能，在特斯拉汽车上有 100 多个 APP，都是为人服务的软件，考虑让人的各种需求得到满足。

　　在特斯拉汽车中，硬件部分的价值已经降到了 40% 以下，软件部分的价值已经提高到了 60% 以上，而且比重越来越上升，特斯拉汽车，已经变成一个软件平台。

　　特斯拉汽车作为软件平台，主要是靠软件的 SaaS 来赚钱，原来的软件都是一次性地卖给客户，现在软件用 SaaS 方式放在平台上给大家用，使用时要交服务费。软件卖掉仅一次收费，而软件在平台上服务是永久性收费，这样汽车变成一个现金流的收款机。特斯拉汽车不断降价，而软件不断收费，智能创造了全新的价值。

案例点评：特斯拉汽车其最大特色是软件定义汽车。软件不仅在汽车制造中成为主体，同时在汽车经营与服务中也成为主体，软件源源不断地产生新的现金流。

当今软件与硬件相比发生了深刻的变化：一是软件是个性化的，硬件是标准化的，软件为硬件的优化赋能；二是硬件是固定的，软件是可变的，软件为硬件升级。硬件是一次性付费，软件是永久性付费，软件在价值创造中成为主体。现在很多新的产品，主要靠软件的价值来提升，价值主体发生了变化。软件定义汽车仅仅是一个案例，从中说明硬件提供基础的价值，软件提供核心价值。

案例五 AI 创业

　　某知名大学一位在校大学生，对 AI 很感兴趣，自己研究用 AIGC 搞设计。2023 年的上半年，他开始聚焦于服装设计，对于一个服装企业来讲，设计师是最重要的岗位，一般来说一个专业服装设计师一天设计的服装套数是有限的不可能成百上千，但这个大学生应用 AI 搞服装设计，一天能够设计 1000 套服装。这 1000 套服装设计好后，他将 1000 套服装设计放在互联网上，请网民来点评，哪些服装设计大家比较喜欢且会心动购买。通过网民点评，有 5 套服装设计脱颖而出，然后他将 5 套服装设计放在互联网上，邀请供应商进行生产，最后在众多厂商中，确定 5 家企业各生产一套。生产出来后他把成品服装放到抖音、淘宝等大平台上去售卖，由于网上点评已经产生了效应，服装很快就卖完了。这个大学生通过 AI 创业取得了成功。

　　AI 创业改变了创业的传统模式，值得创业者借鉴。现在大模型创业方式是大变革，一个超级个人加几个 AI，就可以创业了，跟过去是完全不一样的，AI 创业效率更高，效果也更好。

案例点评：AI 创业对传统创业者来说是颠覆性的。全新的创业模式，是"超级个体 +AI 赋能"，通过人机协作创业。AI 创业模式有三大特点：第一，降低专业门槛，传统创业要有较高的专业水平，运用 AIGC 使普通人的专业水平有时能达到专业级别；第二，降低了资源投入，传统创业要投入大量的资源，AI 创业主要是运用社会存量资源，通过外包来解决；第三，提升创业的效益，AI 的效率是人力的数倍，效率的提升必然会带来效益的增长。未来的创业团队中，都要有 AI 进入，人机共创将成为标配。

案例六　大模型创业

ChatGPT 是人工智能发展历程中的一个重要里程碑，它标志着人工智能技术已经步入了通用人工智能的新阶段。通用人工智能是指一种能够模拟人类思维、学习、推理等智能活动的智能体，它具有广泛的应用前景和巨大的潜力。

Chat GPT 大模型的应用已经掀起热潮，一年来从"初生婴儿"成长为"英俊少年"，大家纷纷试用大模型。2023 年 4 月，一名哈佛大学的博士，带领着三个同学应用大模型创建了公司。在通用人工智能大模型基础上，建立一个制作短视频的专属大模型平台，用户只要向大模型平台讲清楚需求，就能生成相应的短视频。这个新平台在一个季度里就吸引了 50 多万个开发者，三个月平台收入已经超过 5000 万美元，并得到重要投资机构 5500 万美元的投资。后来，平台将短视频、音频、绘画工具等组合在一起，形成了多模态的大模型，更加满足了用户需求，发展前景十分广阔。

> **案例点评：** 人工智能大模型 GPT 是人类知识的大集成，具有强大的内容生成能力，如文本、绘画、音频、代码、

翻译等，设计开发视频是其中重要的功能，利用大模型建立短视频生成平台，具有较大的发展空间。短视频生成是用户最欢迎的也是需求最多的，现在很多人在抖音上发短视频，自己做一个短视频起码要一天，利用平台几秒钟短视频就形成了，所以这个企业项目市场需求，而且抖音上一般场景仅有功能，价值并不是太高，大模型把功能变成智能，附加价值大幅提升。大模型最大的应用在于人机共创，通过人机协同共同创造智能，大模型是人机交互领域又一次颠覆性革命。

案例七 "AI 神医"

　　美国一位富豪，家里三岁的小孩得了一种怪病，请了当地许多专家医生来看，都无法确诊。富豪夫妻俩带着小孩到美国各地去看病，共跑了 17 个州，还是无法确诊。在绝望之下，有人建议请 Chat GPT 大模型来试试，随后将所有专家医生看病的资料都交给大模型来学习。大模型是人类智慧的结晶，大量的医学知识再加上各位专家医生资料，通过综合分析，识别了这个怪病，通过诊断提出了诊治的方案。按照诊治方案治疗两个星期以后，小孩就恢复了健康。所以是大模型救了小孩的病，Chat GPT 大模型堪称 "AI 神医"。

> **案例点评：**中国古代有个寓言"盲人摸象"，讲大街上有人牵了一头大象，几个盲人遇见了以后都想知道大象是什么模样。一个盲人摸了大象的耳朵，认为大象就是一把大的蒲扇；一个盲人摸了大象的尾巴，认为大象就是一条长绳子；一个盲人摸了大象的鼻子，认为大象就是一个大柱子，他们因为都只摸到了大象的一个器官、一个部分，很难对大象有一个正确认识。专家医生看病也

是这种情况，每个专家医生都是从自己的专业角度来识别病情，不够全面，大模型是人类的知识库，见多识广，再加上专家的相关资料，通过综合分析得到了准确地判断，得出了解决方案，使小孩的病得到了诊治。因此可以说，大模型是通才，专家是专才，两方面结合，通才加上专才就等于全才。

案例八　精准医疗

　　传统研制新药是在实验室里，根据经验来研药试药。但根据经验实物的试错成本很高，一种新药大约要上亿美元，周期也比较长，一般要好几年。新型制药不是搞实物试错，而是应用人工智能大模型搞数据试错，而且数据试错不仅可以试制新药，还能够为特殊病人试制特定药品。有个病人得了一种特别的癌症，通用的药解决不了，医疗团队试着用大规模研发相匹配的定制的药品，首先在病人身上采集病情的相关数据，将数据用于大模型训练，就能得到一个初步的药品设计方案，然后用人工智能 AI 生成一个虚拟病人，即数字化病人，将方案在虚拟病人上来验证，验证以后如果还有问题，就反复进行迭代优化，最后虚拟病人验证以后没有问题了，就将这个药品确定下来并生产出来，再将定制化专用药用于病人，从而实现了精准医疗。定制药是精准匹配，所以效果也是最好的。大模型试制药的优势是大量节省成本，实现特殊定制优势十分明显。

案例点评：传统医药是靠经验来试验药品，由于经验的局限性，研制药品有三个问题：一是成本高，二是效率低，三是质量难定。人工智能是数据试错，成本跟周期大大降低，质量却有保障，而且精准匹配度更高。

人工智能不仅能够解决新药品的研制，而且能够设计新药的生产工艺、生产设备，形成一套完整的制药系统。无锡有一个医药公司，为美国独资企业，这个企业专门做医药生产企业的研发外包服务。药品配方、药品的生产工艺设计、药品的设备设计、整体医药服务培训都可以提供外包服务而所有这些这家企业都是通过人工智能解决的，开辟了医药产业发展的良好前景。

由此可见，AI 新药研发 AIDD 让实验科学不再是新药研发的唯一选项，以数据为中心的药物研发正逐渐走上舞台。

案例九　数字红利模型——联合国的模型

联合国与世界银行的专家对数字红利进行了系统研究，研究结论认为：一个国家、一个地区、一个企业，当它的数字化水平超过了 75% 以上，在已有资产的基础上不增加投资，创造的价值也可以翻 3.5 倍。开始的时候我对翻 3.5 倍有怀疑，但是，去一个企业考察后我相信了。

徐州的工程机械公司，国家工信部确定的数字化转型的示范企业，其数字化转型不光是生产数字化，而是全方位的，从研发设计、供应链、生产、销售、服务等进行了全链路的数字化，其数字化水平应该是超过 75% 了。这个企业已经持续了三年数字化转型，企业董事长感觉效果比较好，但数量上没有测算过，于是请财务处长来测算一下，得到的结果是，三年后与三年前相比，企业的利润翻 3.5 倍。要知道，徐州工程机械公司是管理水平比较高的大国企，一切都趋近成熟，利润提高 3.5 倍已是很了不起，若其他管理基础一般的企业数字化实现 75% 以上，那就不止 3.5 倍了，所以联合国和世界银行专家的这一结论应该是正确的，这充分证明企业数字化实现的数字红利是相当可观的。

　　案例点评： 许多企业对数字化转型产生的效果十分关注，如今联合国与世界银行专家的研究结论已出，并被证实，相信很多企业会走向数字化，甚至提高数字化水平。那为什么会产生这样好的红利，主要有两个原因：第一个原因是网络协同，网络协同产生倍增红利。互联网将碎片化的分散资源互联互通，就能产生高效的协同效应，将整体价值呈现出来；第二个原因是数据智能，数据智能产生指数红利。数据建模实现迭代优化，就能产生智能精准效应，挖掘潜在价值。"网络协同＋数据智能"产生的数字化红利是难以想象的，价值呈现指数级倍增，因此，提高企业数字化水平势在必行。

案例十　数字红利模型——IBM模型

IBM公司对全球数字化转型成功的50个企业进行跟踪调查，从2007年到2017年调查了10年，在10年中这些企业营业额高了12倍，这是IBM模型的基本结论。通过对调查结果进行分析，这些企业的营业额增长是不均衡的，开始3年营业额提升比较慢，只增长了一倍，从第4年到第10年，营业额迅速上升，呈现指数级增长。7年中，营业额增加了11倍。显然，这是因为数据积累有个过程，三年后积累的数据超过一定阈值，产生了"涌现"现象，这种"涌现"现象爆发出来是指数级增长。IBM模型应该是可信的，因为不是1个企业，而是50个企业，不是1年，而是10年，规律性是很强的，增长水平十分明显，说明数字红利具有极大效应。

案例点评：数字化企业的发展规律与传统企业的发展规律是不一样的，传统企业增长是线性增长，线性增长就是产能增长一倍，价值也增长一倍；数字化企业增长是指数级的，开始时增长缓慢，一旦超过"阈值"后就产生爆发性增长，这是后发增长的优势。

　　许多企业搞数字化认为效果不明显，这是因为数据还没有积累起来，当数据积累到一定程度以后，其效应就会爆发性产生。

　　关于数字化投资效益大家很关心，数字化的投入产出率最高可达到 1：6.7，就是投资 1 块钱可以有 6.7 块钱的产出，这个数值还是很高的，一般情况下投资的投入产出率为 1：0.4。有个服装通过数字化在淘产上拿到了 20 万的订单，仅投资了 5 万块钱，效果是很好的，不需要很大投资。

　　现在有许多产业互联网平台已进行大量的投资，企业搞数字化只要上产业互联网平台，通过数据接入就能分享产业互联网平台的资源，可以投资节约大量，实现数字化红利。

案例十一　校花数字人

美国某名校一位校花，经常有男生要求跟她交流对话，由于人越来越多，无法应对，于是校花想了一个办法，她设计了她的数字化身。数字化身只有外部形象是不行的，还需要内涵。因为校花平时经常在互联网大平台发布博文和视频，积累了 10 多年的海量数据，于是她就将这些海量数据拿来训练她的数字化身。数字化身通过学习训练，具备了她的思想、知识及风格，生成了一个完整的数字化人。因为校花数字人具备了与人沟通交流的能力，和这个数字人交流就如和她本人交流一样，所以一经推出后就解决了她的烦恼，同时校花向男生收费，与校花数字人交流 1 个小时收费 10 美元，要求交流的男生越来越多，一个季度就收入 100 万美元。每一次与人交流实际上对数字人来说就是一次训练，数字人越来越聪明，交流的内容越来越多，交流的体验感越来越好，后来变成了一个网红。数字人既解决了她的烦恼，又得到好的收益，也打造了一个新的自己，真是一举多得。

案例点评：数字人已经开始走向社会，应用的场景越来越广：一是品牌 IP 形象宣传，用名人宣传得付宣传费，用数字人费用少，还能给顾客带来新奇体验；二是客户服务，现在客户服务很多用的都是数字人，例如银行的客户服务；三是电商直播，电商直播已成为新的潮流，电商的主播由数字人代替具有诸多优势，如效率高，成本低，质量高，而且数字人电商直播可以复制，可以设几十个、几百个数字人同步直播。

传统社会人际关系，现在要讲人与机器的关系，机器与机器的关系。未来社会发生大的变化，人际关系是基本关系，人机关系是主流关系，机机关系也许会成为最多的关系。

案例十二　名人 GPT

　　名人数字化大体上有三种形式：第一种是卡通形象，由名人自己设计，或采用一个自己喜欢的卡通形象代替自己进入数字世界参加各种活动。第二种是数字孪生，创造一个与名人一模一样的数字人，输入其文字或语音就似名人在场讲话或演唱。第三种是 GPT 大模型，为名人定制一个专属大模型，首先要设计与名人一模一样的数字孪生，然后将与名人相关的文字、演讲视频及风格输入，一遍遍训练数字孪生，使名人的数字孪生具有活的"灵魂"。如孔子大模型可以讲课，唐伯虎大模型可以作画，还有李白大模型、爱因斯坦大模型等。历史上的大名人都能做成 GPT 大模型，同样现代人也可以根据需要制造一个自己的 GPT 大模型。

> **案例点评**：人类的梦想就是实现"永生"，由于人类遵循物理规则，都要生老病死不可避免，唯有生命的数字化才能够实现"永生"。生命的数字化不仅是将身体数字化，设计成为数字孪生，而且要将思想数字化，用自己的知识库来训练数字孪生，使数字人能"活起来"，真正成为永生的数字智能体。

人类进化的高级形态就是数字的智能体，不仅能够实现永生，还能走向宇宙太空。生命数字化的本质是碳基生命跟硅基生命的融合。碳基生命与硅基生命融合是一个必然的趋势，使人类进化走向高级形态。

案例十三　婴儿哭声

年轻小夫妻生小孩以后，因为没有照顾小孩的经验，面对婴儿哭闹，无从下手。某市妇幼保健医院照管新生婴儿经验非常丰富，对婴儿的哭声颇有研究，能够从哭声感知婴儿要吃奶、要大小便、身体不舒服、让抱抱等。他们就搜集了大量的婴儿哭声，通过数据库编辑整理制作成软件，然后将这个软件提供给年轻小夫妻，这样小夫妻在带孩子的时候，只要将自己婴儿的哭声与软件中的哭声进行对照匹配，就知道婴儿的实际需求，从而解决这一个难题。

现在定制衣服也是同样，开始使用数字化定制。传统裁缝都是帮每个人量体裁衣，不仅效率很低，成本也高。现在定制衣服数字化后，首先建立大量人体尺寸的数据库，然后为特定的客户量尺寸，将客户尺寸与数据库里的尺寸相匹配，找出最合适的那个。因为数据库里的尺寸都有样板的，这样就不用另外打板，直接就能出成品，这样的定制业务效率高，成本也很低。

案例点评：数据的精准匹配应用十分广泛，大体上分为两种类型来匹配：一类是需求匹配数据，在某一个场景中，首先收集大量数据建立海量的数据库，然后针对实际需求，将需求的数据与数据库里的数据相对照，找到最合适的就能满足特定需求。第二类是数据匹配需求，通过大数据分析来主动去找有需求的对象，从而满足对方的潜在需求，这个就是数据的精准推送。现在新的数据营销，本质就是数据匹配，如客户画像就是一种精准匹配。还有算法推荐，根据数据分析实现精准营销。

案例十四　电影分拆

　　大量老旧电影存放在仓库里无人问津，已没有了商用价值。某公司发现了其潜在价值，用十分低廉的价格购买这些电影的胶卷，将胶片进行分拆，按照内容整理，建立了数据库。老旧电影中有许多珍贵的片段，如战争场面、洪水场面、失火场面、民族风情等场面，可以说这些都是历史财富。现在许多新电影要仿景，对老旧电影场景数据的需求很大，通过这个数据库搜索就能找到相应的镜头，这样既解决了置景的困难，又节约了成本，实现了双赢。

　　很多数据关键在于被慧眼识珠，貌似无用的数据有时也能转化为宝贵的新财富。

> **案例点评：** 数据价值无限，放在仓库里也许是垃圾，还要支付成本，被有效地利用就是宝贝，能够产生效益。电影分拆这是将数据分切，与此相反，将数据结合同样可以产生新的价值。

案例十五　虚拟产业园

虚拟产业园是浙江乌镇的一个创举，虚拟产业园自2017年11月入驻乌镇以来，正逐渐成为一个"一站服务、无界办公"的新型经济联合体。2014年，桐乡成为世界互联网大会乌镇峰会永久举办地，10年来，乌镇借助大会大力发展互联网产业。由于乌镇是一个小镇，交通并不方便，要建设互联网实体产业比较难，于是乌镇创新了互联网的新模式，创办了一个虚拟产业园。首先，乌镇建立了一个互联网云平台，招揽内外的互联网企业到云平台上来注册，每个注册企业在云平台上都给一个IP地址，实施网络注册，无界办公。随后，乌镇给来注册的企业许多优惠政策，只要将税收交给乌镇，其他都可以自由经营，还可享受地方的良好服务。随着各种优惠便利条件的落地，乌镇吸引了大量的互联网企业，创建了全国第一个虚拟产业园。

上千产业聚集，因为需要实体配套带动生产经营，实现虚拟与实体相结合，线上和线下一体化发展，乌镇最终还是办起了实体产业园。现在产业园办得很好，其他地方都来学习，特别是一些偏远地区，交通不便的，都效仿创办虚拟产业园。乌镇这座魅力小镇，依托世界互联网大会的影响力，实现了更多未来科技畅想的探索。

案例点评：虚拟产业园是一个创新之举，具有诸多特点和优势：一是普惠注册企业。凡是在虚拟产业园注册的企业都能够享受产业园的优惠政策，都能够得到产业园的所有服务，营商环境很好；二是突破了土地瓶颈。因为土地资源是稀缺资源，现在要找一块好的土地是比较困难的，搞虚拟产业园就不用土地，只要在互联网上注册就行了；三是减少了投资成本。一般企业创业先要买土地建厂房，投资成本是比较高的，搞虚拟产业园，不需要购买土地与厂房，就大大节约了投资成本，这样投资主要用于技术与产品上面，有利于企业提高核心竞争力；四是带动了实体经济发展。由于产业聚集效应，许多企业不光是在线上发展，而且在线下发展，创办实体企业。虚拟产业园带动了实体产业的发展，为初创企业发展提供了肥沃土壤，依托产业园的基础设施和互联网氛围，初创企业能够更快成长。

案例十六 家庭工业园

浙江湖州长兴创办"家庭工业园",推动家庭织布机进入工业园,通过创新"家庭织机户入园"模式以求开拓纺织业集群化发展新路径。

"家庭工业园"的经营方式:其一,由营销大户负责。其二,由家庭小微企业自行接单,带纺织机入园。其三,由第三方工业互联网平台来进行运营,集中提供三项服务,即设备联网服务、生产管理服务、园区公共服务,三项服务减轻了小微企业的负担,只要集中精力把生产搞好就行了。整个园区已有2万多台织布机进园,园内搞联网,我们称为"机联网","机联网"成为新型纽带,创造全新的生产关系,通过营销方、生产方、营运方三方合作重构生产关系。"家庭工业园"是新的创举,对于发展小微工业起到了重要的作用。

案例点评:"家庭工业园"是产业组织方式的重大变革,传统的产业组织方式是一家一户碎片化的发展,由于比较分散,小微企业难以长大,抗风险的能力也比较差。新型产业组织方式是双层经营:第一层底层,生产由大量小微企业专业化生产，有利于精益求精，创造专精特新小企业。第二层上层经营，由云平台来运营的，通过互联网将分散的小微企业集中到云平台上，云平台赋能服务、赋能资源、赋能市场，提供全方位的公共服务。

这种新型产业组织方式，即"大平台经营＋小企业生产"，未来线下是小企业，线上是大企业。

案例十七　联网扫地机

　　苏州的一家机器人公司是专门做扫地机器人，由于不断研究智能化扫地机器人，现在已经成为全国最大的扫地机器人公司。最初生产的扫地机器人是单独的，由于没联网，无法将使用的数据收集起来进行智能化。当发现这个问题以后，公司就研制联网扫地机器人，制造扫地机器人的升级版。其主要是想将各家各户的扫地机器人通过软件联合通过网络联合起来，一方面通过收集数据，发现问题，不断改进产品质量；另一方面由于各家扫地机器人的应用场景不同，汇集不同场景的使用数据，可供机器人来学习，进行迭代升级。特别是复杂环境中的扫地机器人的数据，通过共享形成群体智能，使扫地机器人的水平共同提高，大大超过了单个扫地机器人的水平。现在联网扫地机器人的智能水平显著提高，智能程度越来越高，更能应对各种复杂环境，深受广大用户好评。

　　案例点评：扫地机器人的联网是物联网的应用，通过物联网将大大提高其智能化水平，从单体智能到群体智能是一个重大升级。群体智能的优势是实现数据与能力的共享，使联网的单体达到群体的平均智能水平。

群体智能的关键是用户使用数据联网，纳起来有三大作用：其一，对用户来说，通过分析使用数据，了解反馈使用状况，对提高使用效率和质量起到重要的作用；其二，对生产单位来说，通过大量使用数据的反馈，发现产品的质量问题有利于改进产品的设计和质量；其三，对产品本身来说，群体使用的数据通过共享，使产品的智能水平共同提高，而且随着使用时间的延续，产品智能化的程度越来越高。

案例十八　物联冰箱

普通冰箱是功能冰箱，仅仅起到对食品的冷冻冷藏作用。物联冰箱是智能冰箱，其作用远远超越制冷的作用。现在海尔的冰箱已经从普通冰箱上升为物联冰箱，通过联网其优势大大提高：一是冰箱群体智能，与扫地机器人一样，通过冰箱使用数据的联网，实现数据共享，使每一台冰箱都提高了智能化水平，而且变得越来越"聪明"；二是冰箱云平台智能，联网冰箱通过建立一个云平台，这个云平台上有大量 App 软件提供智能服务。将冰箱中间的食物减少时，云平台检测到了，就提示用户及时补充食物，而且还能帮助购买；云平台通过冰箱的显示屏上显示各种菜谱以及做菜视频；云平台还能播各种音乐和视频，使人们的生活更加美好。

案例点评：物联冰箱实现了自由对话，提高了人类对食品的管理与应用。物联冰箱是物联网应用的一个典型产品，未来许多产品都将会成为物联产品，成为物联网中的一个节点，分享物联网平台赋能服务。

案例十九　淘产能

在淘宝网上面有个淘产能平台，主要是对接生产能力与市场需求的一个平台。某服装公司生产能力很强，生产设备是进口的，厂房是新盖的，硬件都是第一流的，但公司老总很焦虑，因为公司一直缺订单。为此有人建议到淘宝网的淘产能平台，去找找订单，公司领导试着接触了一下，淘产能平台的运营者认为这个不好解决，因为平台上没有该公司数据。公司领导迫切希望平台能帮助公司解决订单问题，平台的运营者就到公司去考察，通过实地考察平台获取了数据。平台重点从两个方面采集数据：一是在主要设备上面装传感器，使设备运营这些每时每刻都能够提供数据；二是在重要的场景装上摄像头，这些场景点每时每刻都能够提供数据。两方面一共收集了 40 个数据点，集中起来建立了一个数据包，然后将数据包上传到淘产能平台，开始的时候没有什么反应，到了第三天有个大企业看到数据后，认为这个公司的产能与自家企业的需求能匹配，就下了一个小单试试，结果一试效果很好，以后就逐步增大了单量，而且把同行订单源源不断地提供给公司，公司的订单就顺利解决。

　　扬州有一家企业是生产午餐肉的，在江苏午餐肉很难卖出去，这家企业就把午餐肉拿到甘肃兰州去促销，结果全部卖掉了。原因是甘肃很大，每个县间隔很远人们从一个县到另一个县半天时间都到不了，中间要在汽车上吃饭，午餐肉的销量就相当好。所以一个企业生产的产品，跟当地的市场需求并不一定是全部匹配的，销售的关键是要找对市场需求。

　　案例点评：现在的生产行业一方面大多数产品生产能力过剩，另一方面许多市场需求不能满足，特别是个性化的、定制化的中高端产品需求难以解决，这两者的匹配显得十分重要。在淘产能平台最需要的是生产供给方的数据，企业中的数据应该是海量的，现在问题是企业没有把它采集起来。所以要尽快建立企业的"数据大脑"，将所有的数据集中到大脑里面，同时要组织企业"上云用数赋智"，使企业数据跟云上的需求能够匹配。

案例二十 C2M

C2M 是一种新型的工业互联网电子商务的商业模式，核心内涵是"定制化生产"，依靠互联网将各个生产线连接在一起，是一种基于计算机技术随时进行数据交换，实时监测消费者需求，并根据关键需求设定供应商和生产工序，最终生产出个性化产品的工业化定制模式。

传统企业先生产后推销产品，现在反过来先有订单再有生产，"拼多多"就是这样，具有强大的生命力。

青岛的红领公司是搞定制化服装的，其生产模式是 C2M 的典型。红领公司是按照 C2M 模式实行全面的数字化：一是订单数字化，根据客户定制的需求，在企业海量数据库中来选定服装样式和尺寸，制定数字订单；二是打样数字化，根据数字订单，按照样板模块打样再裁剪；三是生产数字化，将所有的数据制作成二维码，在流水线上生产；四是发货数字化，通过数据驱动物流，将产品送到客户手里。

C2M 是一种点对点的模式，既加快了速度，又节约了成本，实现客户价值的最大化。凡是到红领公司去的人，都会看到一个奇怪现象，就是公司车间现场都是数字，后台也全是数据计算，红领公司已经从业务公司变成数据公司。

> **案例点评**：红领公司被称作数字公司一点也不夸张，因为定制服装全部要靠数据，以数据驱动所有业务：一是数字匹配订单，客户的需求数据与公司的海量数据库进行智能匹配；二是数据自动流动，公司生产线全部由二维码上面的数据自动流动，所有工位生产都是按数据来生产；三是数据实时共享，服装供应链上的所有数据共享，大大加快服装的生产经营效率。所以红领的案例可以概括为四个字，叫"无数不智"。
>
> 这种企业是以客户的需要为中心，采用 C2M 模式实现用户到工厂的两点直线连接，去除中间所有流通环节，进行产品的定制化生产，节省了产品的流通环节，也节约了企业的生产成本。

案例二十一　虚拟毕业典礼

三年新冠疫情期间，学生们不能正常到校上课，毕业生也无法进行毕业典礼，这对于学生来说是十分遗憾的。美国加州大学伯克利分校，2020 年为满足毕业大学生的愿望，举办了一次别开生面的"虚拟毕业典礼"。

首先构建"虚拟的校园"，由 100 多个学生、校友在沙盒游戏中共建"我的世界"，其主要有两个部分构成：一是用数据搭建校园的数字建筑；二是每一个学生设计自己的"数字化身"。毕业典礼在"虚拟大礼堂"里进行，大家在一个数字世界里面一起共同庆祝毕业，可以拍摄照片留念。毕业典礼的所有环节都按照通常程序进行，包括校长致辞、学位授予、戴学位帽等该有的环节一个也不少。领完学位证书以后，每一个学生的数字化身还可以四处走走，甚至可以在校园里飞一圈，这次极其神奇的毕业典礼，具有很强的纪念意义。

无独有偶，在新冠疫情期间，由于广大学生的强烈要求，中国南开大学也举办了一次"虚拟的毕业典礼"。毕业典礼在元宇宙中举行，规模更大，内容更丰富。

　　案例点评:"元宇宙"从广义上来看,是应用信息技术、数字技术建构的数字社会的社会关系、行为规范、生活方式的社会价值系统。元宇宙由数字系统跟实体系统互相融合组成的新时空,能够将不同时间不同空间的人与物融合在一起。

　　元宇宙中全部都是数字产品,可以随意地设计和创造,不仅能享受实体世界的各种生活,又能够体验实体世界没有的生活。只有当人们分不清是在实体世界还是在数字世界时,才能进入真正的元宇宙。元宇宙是数字一维与实体三维的叠加,叠加了许多数字产品,能够看到更多实体世界没有的新奇东西。所以这种虚拟毕业典礼,比现实毕业典礼内容更丰富,体验感也更好。

案例二十二　大兴机场

北京大兴新机场是新型的建造时运用了新型数字建造模式。首先设计了数字模型,通过大量的数据构建仿真模型,既包括机场的地上建筑, 也包括地下建筑;既包括机场的外部形状, 也包括内部的装修;既包括机场的功能结构, 又包括环境的配置。数据模型出来后, 广泛地征求意见, 主要是客户、专家、领导三方面,反反复复地听取大家的意见,将征求的意见修改完善, 通过多次迭代优化, 最后把数字模型确定下来, 然后按照数字模型进入实体建造。这种方式的优点是大大地缩短了建设周期,降低了建设成本,提高了建设质量。

> **案例点评:** 新型的建造模式是数字的建造模式, 先有数字模型, 后有实体建造, 这就是全新的 BIM 模式。BIM 模式已经在建造行业广泛运用, 凡是使用 BIM 模式的建造项目, 在招标中要有多个优势, 可以优先考虑, 价格也可以适当提高。现在要从 IT 架构升级为 AI 架构,

特别是人工智能大模型的应用，通过建筑行业的大模型结合场景的具体需求，将能更好更快地设计数字模型，推进数字建造的高质量发展。

案例二十三　变电所外包

　　企业自己的变电所由于单独运营产生了很多弊端，如人力用工比较多、安全保障不够、用电管理不是最优化等。常州电能营运服务公司，原先主要是帮助中小企业搭建变电所，后来发展到为变电所提供运营业务，现在为 5000 多家企业的变电所服务。

　　该公司构建变电所智能运营云平台，专门为中小企业远程监控管理变电所。这些中小企业通过业务外包发现有四大优势：一是节约劳动力，一家变电所每班 8 小时有 2 个人，一天共要 6 个人，外包后能节约用工开支；二是确保安全，变电所运营管理是一门专业，专业的事要由专业的人来做，专业人员更能够保障安全；三是科学用电，通过云平台智能监管变电所，对企业用电状况实时进行数据分析，可提供用电的精准方案，指导企业科学用电；四是宏观监测，企业用电数据能够反映生产经营状况，为政府部门监测、指导企业发展起到重要作用。

　　案例点评：现代企业对服务的需求越来越多，企业变电所外包仅是一个例子，针对这种需求，企业可以逐渐发展为专业化企业。

　　专业化企业是指在技术、产品、服务、市场等环节具有高度的独特性、差异性、市场认同性，从而具有市场独占性、反应快速、竞争优势明显、利润最大化的商业运作模式。

案例二十四 质量检测

　　为了保证产品品质，欧美国家在 15 世纪之初就有了第三方检测机构，十九世纪中叶趋于普遍，且已发展成为一种自觉的商业行为。我国随着人们生活水平的提高以及国际贸易壁垒的加剧，2014 年起，以第三方检测机构为代表的我国检验检测行业开始快速发展，许多产品的质量检测都需要第三方机构来检测，以保证质量检测的公正性。

　　某质量检测机构专门为光伏企业检测电池片。在某次检测中，发现有一家光伏企业的电池片合格率比较低，仅为 93%。通过检测大数据分析，合格率低的原因有 12 个方面，再到企业进行实地系统调研，结果与大数据分析的基本一致，然后检测机构针对 12 个问题提出改进措施。

　　按照改进的解决方案能提高合格率 5 个百分点，这对于企业来讲是重大利好，因为提高一个百分点能够增加利润 200 万，5 个百分点就是 1000 万。

> **案例点评：** 许多监测机构主要业务局限于质量检测，没有延伸到数据的利用与开发，这是一个很大的损失。数据是个大金矿，特别是质量检测数据，其中含金量是

很高的。通过质量检测数据可以发现两个方面：一是可以发现新的增长点；二是发现问题的改进点。通过数据挖掘，既能增加企业的收益，又能为检测单位得到新的收益。数据分析是一门大学问，数据财富亟待开发，数据价值源源不断。

案例二十五　渔书店

　　根据实际调查，买的新书阅读后 98% 的人会将书丢在一旁，也可能会偶尔翻翻，但大多数是不会再看的，因此让书循环使用十分必要。

　　上海浦东由大学生发起旧书循环使用活动得到了许多人的响应，大家纷纷捐书、送书，建立"渔书店"，主要供社会各界公益性阅读。在社区、企业、学校等场景设立了多种形式的小型"渔书店"，捐书达到了 100 多万册。浦东的大学生建立一个全国性大平台，在"云平台"上推广服务"渔书店"模式，计划在全国设立千城万店，推动全民阅读。现在"渔书店"已经取得了明显的成效：一是捐书共享，许多人一方面将自己读过的书送给大家来共享，一方面共享大家捐赠的书；二是捐书扶贫，边远贫困地区缺乏大量书籍，通过捐书满足他们的读书需求；三是捐书交流，由于捐书成为书友，找到了志同道合的读书朋友。"渔书店"的好处是多元的，已经成为一种新的生活方式。

　　案例点评："渔书店"有两层含义：一是"渔"与多余的"余"是谐音。多余的书供大家共享；二是"渔"是授人以"渔"，就是给人家能力，体验二手书的新作用。

　　二手书仅是一个案例，可以共享的二手商品比比皆是，如二手衣服、、二手玩具、二手童车等二手商品除了捐赠以外，还可以在二手市场出售，做到物尽其用，提高资源利用效率，实现绿色低碳生活。

　　跳蚤市场是欧美等西方国家对旧货地摊市场的别称，由一个个地摊摊位组成，市场规模大小不等。跳蚤市场有两个好处：一是减少浪费和资源回收利用，这有助于减少环境负担和节约资源。二是促进交流和互助，人们可以在这里交流商品的使用经验、交换信息和建立联系。

案例二十六　共享医院

现在社会上医疗资源普遍应用不足，医院里很多医疗设备的使用率不高，共享医院由此而诞生，杭州率先建立共享医院。

共享医院是由多家医疗机构"拼"起来的一个医院，实现了医疗资源的共享模式。共享医院有三个特色：一是医院环境特别，医院不是建立在固定场所，而是建立在大商场里，装修很淡雅、很阳光，客户可以很方便得到医疗服务；二是基础医疗设备和服务共享，医院建立共用的药房、手术室，请一家机构统一负责基础的检验、病理、超声、医学影像等服务，实行共享服务，并合理分配收益；三是优质诊所跟医生创业者可以"拎包入住"，现在有很多医生是个体创业者，有些小诊所买不起重大设备，他们都可以直接使用共享医院，大大节省了资源，提升了人气。这种模式对于传统医院是新的挑战。

> **案例点评：**共享医院是一个新创举，对医院来说减少了投资，节约了成本；对消费者来说，方便了服务，减轻了医疗费用，实现了一举多得。

除了共享医院以外，还有共享药房，上海"1药网"是全国性共享型虚拟大药房，已经链接了28万家药店，为医院、药店乃至个体提供服务。"1药网"的商业模式有三大组成：一是药品供应链，通过整合全国药品资源，提供优质价廉的药品；二是大健康服务，面向广大顾客进行医疗的咨询，实现药品健康一体化服务；三是跨界服务，建立产品联盟，与保险、金融、人才等机构进行合作，提供了集成化的服务。"1药网"已经成为名副其实的数字化医药健康大平台，服务的规模和水平在不断地提高。

案例二十七 虚拟动物园

澳大利亚有个阿克肖姆网络公司，创建了一个全息虚拟动物园，所有的动物都是数字动物，大到大象、狮子、老虎，小到飞禽、乌龟，全部都是数字的。虚拟动物园占地 16，000 平方米，设施齐全，展示数以千计各种各样的动物。

全息虚拟动物园有四大优势：一是互动性强。用户可以与虚拟动物进行互动，喂食、训练、照顾它们，并观察它们的行为和生长过程，用户可以在其中扮演园长或管理员的角色，负责建设和管理自己的动物园；二是更具创造性。用户可以自由设计和建设自己的动物园，选择不同的动物和装饰，可以自行设计新动物，能够看到以前从来没有看到的动物，动物更新速度快；三是减少成本。实体动物园需要数千万美元的投资，数字动物园仅需 5% 的投资；四是更具教育性。虚拟动物园可以帮助人们，尤其是孩子学习动物知识，了解不同动物的特点和习性。

用户还可以与其他玩家交流和合作，在游戏中建立社交网络，共同学习，所以虚拟动物园与传统动物园相比，其优势是很大的。

案例点评：全息虚拟动物园是一大创新，深受客户的喜爱。上海自然博物馆全息动物园的精彩亮相，带给顾客全新的动物观赏体验。动物园采用超短焦全息投影技术，通过全息影像"复活"了不同时期、不同种类的恐龙在展厅内信步游走，打破时间和空间的限制，让游客们仿佛置身于侏罗纪公园，为观众开启了一场奇妙的远古之旅。这种全息技术不仅让动物栩栩如生，更让顾客有身临其境的感觉，更重要的是这种全息技术对于动物保护有着积极影响。人们通过逼真影像，了解动物的生存状况，从而增强了保护动物的意识。这种新兴的动物园形式吸引了更多游客，从而为动物保护事业带来更多的经济效益，全息动物园还能够让人们通过互动体验参与到动物保护的行动中来。

总之，全息动物园的诞生，不仅为人们提供了全新的动物观赏体验，让我们更加了解动物，热爱动物，还让人们感受到人和动物和谐相处的重要性和必要性。

案例二十八 数字西湖

新冠疫情期间，许多旅游景点无法开放。杭州西湖率先开发了"云旅游"项目，将西湖18景全部3D数字化，旅游者通过数字眼镜、头盔等虚拟现实设备，在"数字西湖"中看到的18景栩栩如生，沉浸式体验西湖美景，比身临其境更具有诗情画意。

在现实中，西湖有些地方只能远看，无法看到精细化场景，没去过的地方，就更无法领略其美景了。现在有了3D的西湖18景，可以看到每一个角落，每一个细节，还可以互动、照相、摄影。疫情过后，西湖景区进而发展"增强旅游"，在实体场景的基础上，叠加虚拟数字产品，如冬天到西湖也能看到春天桃红柳绿的美景，在西湖里面看到许多"数字鱼"，在苏堤、白堤上还有松鼠、兔子等数字动物，整个景区更加生机勃勃，吸引了更多游客。

数字化创新开拓了旅游全新的发展道路。现在数字旅游越来越多，主要有虚拟旅游和增强旅游两种方式，虚拟旅游是不到实地场所，主要是"云"旅游，增强旅游是在实地场所叠加数字产品，两种方式都是新的创举。

案例点评：旅游产业创新的突破点是发展旅游科技，应用新科技赋能旅游。如虚拟旅游、增强旅游，混合旅游、元宇宙旅游等都是旅游的创新模式，关键是应用数字新技术，包括大数据技术、人工智能技术、物联网技术、区块链技术等。数字技术使旅游产业价值倍增，特别是元宇宙旅游，将会有更广阔的发展空间。

　　文旅与元宇宙的融合，使行业从线下实体向虚实融合演变，从物质世界向数字空间延伸。元宇宙的数字孪生、人机交互、虚拟现实等技术构建的融合空间，将为人们提供一种前所未有的充满沉浸感和真实感的文化品位和旅游方式。

案例二十九　3D 运动员

体育运动的数字化已日趋明显，在诸多的场景得到较好的应用。美国奥林匹克集团为培养优秀的运动员，开发"3D 运动员"的追踪系统，这是利用人工智能技术复制人脑进行物体识别和分类的能力。这个系统特点主要有三个：一是将无传感器动作捕捉与数字视频相结合，为运动员从头到脚创建 3D 模型。二是运动员在跑步冲刺的时候，帮助运动员跑得更快，主要是通过安装在沿跑道依次放置计时门上的摄像头，捕捉跑步者初始起跑、加速度、速度等数据，并可以立即自行查看，以利于加快跑步水平。三是所有数据为每名运动员构建私人化的骨骼模型，教练就能利用这个模型来指导和改善运动员的表现，使其能够跑得更快更好。因为骨骼模型是数字化的,精细到每一个颗粒状态,这样教练能够很精细地指导运动员的发展。

案例点评：优秀的运动员是打造优秀赛事的关键，是体育产业供给侧的最关键要素。培育优秀的运动员，传统的方法主要是靠教练的经验，创新的方法是靠训练数据。通过数据技术，将运动员在训练过程中的各种数据采集起来，应用数据分析方法，发现运动员的问题点与潜力点，精准指导运动员的训练，使其更好地发挥水平，获得更好成绩。教练培育优秀运动员从靠经验训练到靠数据训练是重大升级，但这种训练不是大规模的，是定制化的、个性化的，在培养优秀运动员上具有良好的效果。

案例三十　虚拟体育

近年来，虚拟体育运动在国内方兴未艾。随着数字技术的不断发展，虚拟体育运动有了更加广阔的发展前景。

2022年，上海创办了国内首个"虚拟体育公开赛"。上海久事体育产业发展有限公司应用人工智能、虚拟现实、增强现实、高速网络等技术承办了这次赛事。这次赛事主要特点在三个方面：一是构建基于智能模拟设备和互联网的赛事云平台；二是设置了包含滑雪、赛车、自行车、赛艇、网球等虚拟运动项目；三是在单一虚拟运动基础上，将众多虚拟体育运动串联起来，形成虚拟体育规模经济；四是在虚拟体育比赛的过程中，带动体育用品的开发和营销，促进体育制造业获得了更大的商业价值，实现了虚拟体育和实体产业的融合发展。首届"虚拟体育公开赛"取得了满意的成果，受到了社会各界的普遍好评。现在上海久事智慧体育公司已经把虚拟体育推广到全国各地，受到社会各界热烈赞赏。

案例点评： 体育数字化是全新业态，虚拟体育运动正为全民健身提供更丰富的选择，虚拟体育运动竞赛也成为十分有益的尝试。

虚拟体育运动有众多优势：一是打破了场地限制；二是丰富了训练场景；三是降低了受伤风险；四是降低了参赛成本。

当今云赛事、智能运动、智能健身等数字化运动正在蓬勃发展，虚拟体育发展为元宇宙体育，由运动员的数字化身参与各种体育活动，在数字世界和实体世界互动穿梭，使活动的参与感和体验感更好，从而为全民运动、全民健身提供更为丰富的选择，数字化体育的发展潜力无穷。

案例三十一　AI 优选供应商

上海某个外商服务公司主要是为外商对接供应商，该公司最大的优势是与国家海关总署合作开发数据库。国家海关总署拥有全国所有进出口贸易的数据，可以为社会服务，数据量全、质量高，开发出来就是宝库，上海外商公司提出与其合作开发数据，产生的收益共同分配。美国有个公司主要经营五金工具进口业务，向外商服务公司咨询国内五金工具出口供应商的相关报告。由于外商服务公司与海关总署合作开发数据库，通过研发的人工智能 AI 系统，很快为美国公司提供了五金工具出口供应商的名单，一共有 520 个公司，美国公司不知道跟哪家公司合作比较合适，所以进一步要求提供精准匹配的公司相关报告。根据新的要求，AI 系统对 520 个公司进行匹配分析，最后认为有 3 家公司最为合适，美国公司看后也比较满意，决定跟 3 家公司进行面对面的洽谈来确定。这份报告充分体现了人工智能 AI 的价值，虽然只有 8 页纸，但咨询费高达 10 万美元，足见报告的价值。

案例点评：供应商的选择十分重要，事关产业链的质量。以往选择供应商，主要是靠人工来选，由于个人的接触面有限，加上缺乏资讯，很难选择到比较合适的供应商。人工智能由大量的数据训练而成，通过算法分析就能高效选择到合适的供应商。当今许多产业链、供应链需要调整，就可以应用人工智能AI选择合适的供应商合作伙伴，确保供应链的高质量发展。

案例三十二　大模型指导就业

　　人工智能大模型已经广泛应用到各行各业的各个环节，大模型在就业中也能够发挥很好的作用。每个行业都应该有属于自己的行业大模型，正在成为产学研界的共识。某高校一个应届毕业大学生就是运用大模型解决了就业问题，入职了比较理想的公司。现在 AI 大模型已经建立专属的就业大模型，就业大模型学习了数以百万计的个人就业推荐书。该大学生在咨询大模型时，要求大模型根据他的情况，写出 10 份针对不同企业的就业推荐书。大模型见多识广，很快就提供了 10 份不同的就业推荐书，该大学生向 10 个企业进行自我推荐，就得到了 5 个企业的面试资格。然后该大学生又向大模型咨询面试方法，通过大模型的指导，顺利通过面试，最后选择了条件最好的企业就职。大模型指导就业是十分成功的，其关键是大模型能够进行精准匹配。

　　案例点评：人工智能大模型是经过海量数据训练的知识库，它的博闻强记是任何个体都不能比拟的，特别是行业大模型、专属大模型已经十分专业，能够精准提供各种智能解决方案。大模型指导大学生就业就是比较成功的范例。现在大模型已经与各种场景相结合，正在向应用的广度和深度不断发展，大模型的发展水平与应用规模是成正比的，应用得越多，优化得越快，解决问题就越精准，会产生意想不到的新收获。

现在大模型的应用越来越多，每个行业都有大模型的应用场景。行业不同、场景不同，对于大模型的需求也区别极大。2024年是大模型的应用年，我有一个学生制作了一个古代画家大模型，现在美术专业的大学生想学唐伯虎的画，就可以与大模型对话，大模型还能生成新画。如此一方面学生能够通过大模型学习，一方面可以利用大模型作画到抖音上经营。

总之，依托大模型高性能计算集群和行业大模型能力，可以满足客户模型预训练、模型精调、智能应用开发等多样化需求。

案例三十三　微众银行

深圳的微众银行是数字化的原生银行，从 0 到 1 建立自己的银行核心系统，即"蜂巢"分布式的架构。所谓分布式，是用户是高度分散的，呈现长尾用户，主要是为广大中小微的企业提供融资服务。

金融科技是微众银行实现可持续发展的核心引擎，也是其成为全球领先数字银行的独特优势。从建行之初，微众就基于"开放蜂巢"技术，利用标准化硬件和开源软件，构建了国内首个基于安全可控技术的全分布式银行系统架构，成功建立同城多中心多活架构，其高可用、高弹性、高扩展的特点使得微众银行能够支持海量的客户规模及高并发的交易量。

相比传统银行，"蜂巢"分布式开放银行具有六大特点：第一是高性能，支持亿量级的用户和高频发的交易，数字后台的架构十分坚强。全国的中小微企业多，要服务亿量级的用户，还要并发和高频发，后台要求很强；第二是高弹性，支持快速而且灵活扩容，根据业务规模的变化迅速调整。大量的中小微企业用同一平台每个时间段的上线人数不是均衡的，有时候人特别多，有时候人少一点，所以要有弹性；第三是高可用，支持多活架构，实现数字银行所需的无间断服务。由于24个小时无间断的，服务的可用性要求很强；第四是高标准，基于组件高度的标准化，能模块化地进行自动化运维和规模化管理。因为服务规模大，一定要标准化，不标准服务不了；第五是高安全性，建立层层纵深的安全防护体系，安全是第一位的，一定要确保高安全性；第六是高效用，因为边际成本低，可以服务更多的"下沉"用户，甚至下沉到县，所有效用要高。分布式银行的技术是不断升级的，已经从IT的技术架构上升为AI的技术架构，进而进入大模型的技术架构。

> **案例点评**：微众银行是真正的数字银行，全部按照数据来真实反映企业的信用，彻底改变了传统的银行靠抵押担保来放贷的模式。传统银行放贷要有抵押的资产和担保，微众银行主要服务的是中小微企业，中小微企业资产很少，不可能抵押担保。微众银行放贷时一不看企业"三张报表"，二不要其他企业担保，三不要企业自己的资产来抵押，完全依托企业自身的数据作为信用。微众银行对企业的各种数据进行打分，分达到一定标准后，系统自动放贷，高效率到账。微众银行在互联网上大量调查企业的信息，特别是企业法人代表的信息，如果法人代表经常在互联网上"发红包"，红包的数量比较大的，

应该是可信的。或者企业的法人代表到外面去出差，住的宾馆都是四星级、五星级的大宾馆，说明企业实力比较强，企业信用应该是可靠的。通过大数据来画像特别是对企业法人的画像来判断企业信用等级，最后实施精准贷款。

案例三十四 产业社区

新兴产业社区以产业为基础，融入城市生活功能，成为产业要素与城市协同发展的新型产业集聚区。产业社区不仅算是产业的集中点，更重要的是与城市生活融合在一起协同发展。

美国硅谷的谷歌园区，就是新型产业社区的典范，其主要有三个特征：第一空间更开放，开放性营造人人可以参与的社区环境，激发产业人群的创造性；第二社群特性更突出，围绕产业人群的喜好，吸引了人群聚集，形成了不同的社交圈；第三功能更多元，拥有商业、休闲、教育、医疗等生活配套的功能；第四产业链更聚集，围绕产业、学习、研发一体化，营造以创新为核心的产业氛围；第五数字化更加智能，整个社区应用数字技术，通过云平台来赋能服务，享受智能化的美好生活。

> **案例点评：**现在的产业开发区大多是以企业为中心，主要是生产功能，缺乏生活服务与文化社交等功能，已远远不能适应社会发展的需求，不能支撑企业可持续健康发展。

新兴产业社区是以人为中心的，将产业融入整个社区，实现生产、生活、学习、娱乐、社交一体化。这是产业开发园区新的发展方向，特别是高技术开发区和科创园，人才对环境的要求更高，建立新兴产业社区势在必行。苏州工业园开始也只是一个产业工业园，为了让园区科技人才有归属感、幸福感，同时具有良好的学习氛围和学习条件，又创办了"研究生城"。研究生城城区具有高教、研发、学习、生活、休闲等多种功能，引进了信息科学、生命科学、医学制药等项目，汇聚了多所知名大学，与园区主导产业相结合，推动了区域的可持续发展。

案例三十五　数字员工

2021 年万科在万名员工中评选"最佳员工"，通过全员投票，一名叫"崔筱盼"的员工被评为"最佳员工"。其实"崔筱盼"不是真人而是一位数字员工，"崔筱盼"是在人工智能算法基础上，依靠深度神经网络技术渲染而产生的虚拟人物，目的是赋能人工智能算法一个拟人化身份，使具有温度的沟通方式。自 2021 年 2 月份入职以来，随着算法的不断迭代，"崔筱盼"的工作内容陆续增加，从最开始做发票与款项回收等事项的提醒工作，扩展到业务证照的上传与管理，提示员工的社保公积金信息维护等。特别是大家不愿意干的应收与讨债工作，这下可由数字人去催讨应收款，通过各种讨债方法的训练，"崔筱盼"很快就能胜任此项业务。由于不厌其烦地讨回应收款，成效十分显著，深受员工的喜爱，所以在评定最佳员工的时候，大家一致投票"崔筱盼"为"最佳员工"。名单一公布才知道这不是一个自然人，而是一个数字人，大家感到异常兴奋。

案例点评： 数字员工是形象化的称呼，其实质是一种机器人流程自动化。数字人已经逐步进入各行各业，帮助企业或者员工完成重复单调的流程性工作，减少人工错误，提高运营效率，降低运营成本。

南京硅基智能公司是专门制造数字人的企业，现在主要用于智能客服、智能直播、品牌宣传等方面。2023年该公司已经输出了100多万个数字人，规划到2025年，总输出1亿个数字劳动力。数字人虽然代替了部分人类的工作岗位，但每代替一个工作岗位就能创造2.6个新岗位，关键在于转岗培训。近年来国家人力资源部颁发了100多个新的工作岗位，其中90%以上都是数字技术的新岗位，学习新知识新技能已经成为标配。特别是2023年，ChatGPT问世一年中，全球人工智能的岗位增加了20倍，工作岗位将越来越多。

案例三十六　AI 作家

清华大学某教授带领一个团队，使用人工智能 AIGC 创作了科幻小说《记忆之地》，获得了国家科幻奖项。作者不是自然人，而是一个数字人，名叫 @ 硅禅的 AI。在小说创作过程中，团队给 AI 关键的提示词，引导 AI 生成内容，团队根据生成出来的内容再次进行提示，经过 5 次不连续的对话，66 次生成新的内容，最终形成这篇 6000 字的科幻小说。在小说评奖当中，评委们不知道这篇小说是 AI 创作的，6 个评委中有 3 个评委投票表示同意推荐，根据评奖规则，这篇由 AI 创作的作品获得了二等奖。这一尝试具有示范作用，足以说明 AI 已经达到一定水平。

案例点评： AI 写作小说获得奖励，对于人类作家应该是件好事。能起到开发思路和辅助写作的作用，而且还能提高作家的写作水平。这就是人机共创，人与 AI 共同来创造，不是 AI 单独创造，也不是人单独创造，人机共创是新的发展道路。现在 AI 科学家已经产生，能够承担科学前沿领域里超出人类极限的研究量，获得人类研究员数十年才能寻找到的新解决方案。

案例三十七 对牛弹琴

如今日本养牛有种新方式就是"对牛弹琴",在牛舍里为牛播放音乐,让牛听音乐,使牛感觉到很轻松、很舒畅,借此使牛奶更加醇厚甘甜,牛肉更加鲜美软嫩。

日本兵库县有一家"绿色农场",每天在牛舍里播放莫扎特的《G大调弦乐小夜曲》等乐曲,牛舍里100多头奶牛从早晨6点听到晚上8点,听过莫扎特曲子的牛,其牛奶的乳脂量能达到4.15%,而普通牛奶最高也只能达到3.8%。乳脂的含量提高后,牛奶的零售价提高了10%左右,而且销量也很好,莫扎特牛奶品牌从此打响了。

"对牛弹琴"是日本养牛的新方式,产生了意想不到的好效果。无独有偶,加拿大有一家奶牛场应用"元宇宙技术"来养牛。这个奶牛场首先设计制造了一个元宇宙场景:在一片大草坪上面生长着鲜嫩的青草,草长得很茂盛,里面还有许多漂亮的鲜花。远处的大山郁郁葱葱,附近的鱼塘里小鱼在游动、跳跃,风景优美极了。食物诱人,景色迷人,奶牛场每天给奶牛戴上数字眼镜,平均观看两小时,奶牛看了以后十分兴奋,能自动增加了产奶量,一般能多产 20% 左右的牛奶，这就是"数字养牛"，其效果与"对牛弹琴"是异曲同工。

> **案例点评**：依托"数智"赋能，深耕产业当中。伴随着人工智能技术的发展，新技术、新理念、新设备逐步进入到养殖产业，当智能高效的"算力"逐步替代响应缓慢的"人力"，将养殖从繁重的"体力活"变成便捷的"智力活"，节省了大量人力物力的同时，让养殖业发展焕发了勃勃生机。

案例三十八　香味数字化

香味数字化是十分有趣的，也具有特殊重要的作用。广州有个数字化领航公司，重点研究香味的数字化，开发了一套香味数字化的系统。香味数字化的关键是掌握人们微表情的数据，通过微表情的数据分析来预测人群对香味的兴趣感觉。公司建立人工智能 AI 评委体系，应用情感计算技术作为基础的算法，以微表情技术为切入点。人们微表情真实情感，它极短暂、不可控、无意识。这一套系统主要是根据人脸三维模型、AI 的深度学习技术和自动化分析技术识别表情，整合成一个标准测试方法，搭载在一个 APP 上。在实际操作中当用户闻香时，脸部对着 APP 的摄像头，系统只需要 0.13 秒就可捕捉到用户的微表情，愉悦感、沉浸感、好奇感等情绪通过多维度分析，然后 AI 对包括标准化的数据积累后，结合用户的参数，就可以预测人群对香味的兴趣以及感觉。这套香味数字化的系统，开创了全新的应用场景，对需要香味研究和应用的企业起到了不可取代的作用。

　　案例点评：图像可以数字化、声音可以数字化，香味也实现了数字化，这就是人工智能的力量。这一示例所有场景都是有特征数据，唯有采集特征数据与算法相结合，才能得到智能解决方案。现在新的"合成数据"是机器模仿真实数据产生的特征数据，其作用同样重要。

　　香味的数字化测评探索了多年，日化行业的数字化也才刚起步，相信未来日化行业的数字化还有很大的市场空间。

案例三十九 AI 睡眠

睡眠是人类健康重要的需求，解决睡眠困难和提高睡眠质量意义重大。慕思健康睡眠公司致力于睡眠研究，重点自行研发了 AI 智慧床垫，创造了"潮汐"算法专利。这是对积累了 20 多年 70 多万份测量数据以及每月 2 万份的睡眠报告的大数据进行分析取得的成果。

AI 智慧床垫效果俱佳：一是将人体接触面智能识别并划分为肩、背、腰、臀、小腿、大腿等 6 个部位分区，根据人体脊椎的生理曲度、人体工程学、各个部位支撑度不一样，全智能实时调节床垫的软硬度，做到千人千面自适应、精准适配不同体型不同部位，定制专属睡感；二是实现床垫支撑度的左右精准自适应分区，即使是睡在同一张床上的两个人，也可以根据各自情况进行独立智能调节，让不同身材、体型的人群不再将就同伴的睡眠习惯，各自酣睡互不影响；三是通过 AI 睡眠监测系统，精准跟踪呼吸、心率、体动等数据，并输出睡眠报告，每天早上提供睡眠评分和睡眠建议，帮助消费者及时调整睡眠环境与睡眠节律。

慕斯公司开发 AI 床垫的基础上，还能给用户提供根据睡眠数据定制的运动、饮食推荐图谱，通过 AI 科技赋能为用户提供个性化的服务。同时提供甜睡枕、慧睡枕等智能健康产品，提出全系统解决方案，深受广大用户欢迎。

> **案例点评：**能够创造"潮汐"算法，最关键的是积累了大量用户数据，通过大数据分析提出针对性的睡眠解决方案，为用户克服睡眠困难、提高睡眠质量进行精准化的服务。这个案例启示积累用户数据十分重要，许多企业与用户的关系仅是买卖关系，交易完成以后就算结束了，其实这仅完成了一半的任务，还有一半任务是将用户的数据拿回来。特别是用户使用过程中的数据，含金量很高，已成为企业科技创新的重要源头。现在许多平台为用户提供大量的免费服务，其实都是为了得到用户的使用数据，这些数据的价值远远超过免费服务的价值，所以任何企业都要高度重视用户对产品和服务的使用数据。

案例四十　世界一流大学

　　"以学生为中心"不仅仅是课堂的活动与形式的改变，也涉及范式的改变。以学生为中心主要体现在：以学生健康为中心、以学生参与为中心、以学习成果为中心、以学生学习体验为中心。

　　斯坦福大学是全球知名的一流大学，其办学宗旨已经从以教师为中心转向以学生为中心，将培养学生的素质和能力放在首位。

　　世界一流大学的学生是如何学习的，主要有以下六个方面。

　　第一，制定充分信任学生的"荣誉考试制度"。该制度既没有老师来监考，又能带上教学工具和用品，这是一种信任的契约，用自己的信用作为契约，自己对自己的信用负责。

　　第二，教室座位学生自己排，自觉坐在前排充分反映了学生的学习热情。普通教室里好多学生都愿意坐在最后，怕老师看到被提问，学生自觉地坐到前排，应该说是学生积极性的高涨。

　　第三，学生在"教授门诊"排队，教授专门解答学生学习中的疑难杂症。现在主要是课堂教育，课后有些老师不见学生，学生的问题无法得到解决。

第四，拥有国际视野，及早地接触前沿科学。名牌大学关注前沿科学，将最新的科学知识带给学生。

第五，学校建立各种学习团体。学习会组织，由学生自己交流，相互学习。

第六，学校拥有足够大的生活和学习空间。最可贵的地方就是学校给予学生充分的信任，充分的自由，学生学习更加主动，更富成效。

案例点评：如果大学要办成以学生为中心的大学，就要与社会各界沟通，细心听取用人单位、学生和校友的建议和反馈，真正做到以学生健康发展为己任，在政策与管理上、在文化建设上给教师支持，通过各种课程改革和学生活动以及教职员工的言传身教，让学生增强伦理意识，塑造健全品格，成为有修为、有专长、有独立思考力和行动力的健全人。

斯坦福大学对学生的知识学习突出两个重点：一是基础知识，重视通识教育，为学生训练基本功；二是前沿知识，重视前沿科技学习，使学生掌握最新知识和能力。

斯坦福大学对于通用人工智能 AI 教育十分关注，ChatGPT 问世一年中，斯坦福大学就充分利用人工智能大模型，以满足学生对新科技知识的学习与运用。

ChatGPT 对于以学生为中心的价值观具体表现在：一是可以根据学生的学习需求和能力水平提供个性化的学习计划和资源；二是可以设计智能助教，提供实时解答、反馈和评估，学生可以随时提问不懂的问题，得到及时的学习辅导和答案解析，从而提高学习效率；三是可以根据学生的学习进展和反馈，自动调整学习内容和难度，推荐适合的学习资源和路径，使学生在适宜的学习区域内保持积极的学习状态，提高学习效率。